国家中等职业教育改革发展示范学校建设成果系列教材

自动控制单元构造

主　编　赵立维
副主编　任贵军
参　编　陈慧争　赵云涛　邓彩玲　董敬坤
主　审　程　周

U0316556

中国铁道出版社有限公司
CHINA RAILWAY PUBLISHING HOUSE CO., LTD.

内 容 简 介

本书是国家中等职业教育改革发展示范学校建设成果系列教材之一。本书注重中等职业教育的特点，内容通俗易懂，选材贴近生产和生活实际，力求突出自动化控制技术的实用性，着眼于学生应用能力的培养。

本书共分为九个单元：自动分拣单元，自动供料单元，温度自动控制单元，液位自动控制单元，液体流量自动控制单元，照明灯自动开关控制单元，火灾自动报警与监控单元，电力变压器的自动控制单元，自动化立体仓库单元。此外，为了便于学生了解其他自动控制系统的构成及工作过程，又将自动控制实例框图作为"附录"放在教材的最后供读者参考使用。

本书适合作为中等职业学校电气自动化专业、机电技术应用专业的教材，也可作为自动化工程技术人员的工作参考书。

图书在版编目（CIP）数据

自动控制单元构造/赵立维主编. —北京：中国铁道出版社，2013.5（2020.7重印）

国家中等职业教育改革发展示范学校建设成果系列教材

ISBN 978 - 7 - 113 - 16533 - 8

Ⅰ. ①自… Ⅱ. ①赵… Ⅲ. ①自动控制理论 - 中等专业学校 - 教材 Ⅳ. ①TP13

中国版本图书馆 CIP 数据核字（2013）第 096527 号

书　　名：**自动控制单元构造**
作　　者：赵立维

策　　划：李中宝　陈　文　　　　　　读者热线：（010）83529867
责任编辑：刘彦会
编辑助理：绳　超
封面设计：付　巍
封面制作：白　雪
责任印制：樊启鹏

出版发行：中国铁道出版社有限公司（100054，北京市西城区右安门西街 8 号）
网　　址：http://www.tdpress.com/51eds/
印　　刷：北京捷迅佳彩印刷有限公司
版　　次：2013 年 5 月第 1 版　　　　2020 年 7 月第 4 次印刷
开　　本：787 mm×1 092 mm　1/16　　印张：7.25　字数：174 千
书　　号：ISBN 978 - 7 - 113 - 16533 - 8
定　　价：20.00 元

编审委员会

主　任

刘天悦

副主任（排名不分先后）

毕义江　杜恩明　张剑林　李　毅　刘丽英　翟成宝　张善瑞

韩广军

编　委（排名不分先后）

韩雅芬　张雪松　高洪涛　王海波　臧美丽　刘　鹏　戚春雨

孟章良　陈国宇　高　佳　薄艳菊　薄振东　刘　彩　赵会会

董江威　梁云磊　王建弟　张淑英　付卫秋　吴学恩　闫文艳

姜永全　张占宁　李智超　王慧博　葛晓霞　佟建民　郑忠刚

董卫东　李俊英　周　丽　唐娜静　赵立维　任贵军　陈慧争

赵云涛　邓彩玲　董敬坤　张　宝　黄军成　孙祥军　黄利强

要艳惠　李占伟　何春江

序

　　教材建设是国家中等职业教育改革发展示范学校建设的重要内容，作为第一批国家中等职业示范学校的唐山市丰南区职业技术教育中心，成立了由职业教育课程专家、教材专家、行业专家、优秀教师和高级编辑组成的五位一体的专业教材建设专家组，开发设计了符合技术技能型人才成长规律，反映经济发展方式转型、产业结构调整升级要求的新理念、新知识、新工艺、新材料、新技能的发展改革示范教材。

　　职业教育承担着帮助学生构建专业理论知识体系、专业技术框架体系和相应职业活动逻辑体系的任务，而这三个体系的构建需要通过专业教材体系和专业教材内部结构得以实现，即学生的心理结构会受到教材的体系和结构的影响。为此，这套教材的设计，依据不同课程教材在其构建知识、技术、活动三个体系中的作用，采用了不同的教材内部结构设计和编写体例。

　　《电工技术基础》等承担专业理论知识体系构建任务的教材，强调了专业理论知识体系的完整与系统，不强调专业理论知识的深度和难度；追求的是学生对专业理论知识整体框架的把握和应用，不追求学生只掌握某些局部内容及其深度和难度。

　　《电机与电气控制技术》等承担专业技术框架体系构建任务的教材，注重让学生了解这种技术的产生与演变过程，培养学生的技术创新意识；注重让学生把握这种技术的整体框架，培养学生对新技术的学习能力；注重让学生在技术应用过程中掌握这种技术的操作，培养学生的技术应用能力；注重让学生区别同种用途的其他技术的特点，培养学生职业活动过程中的技术比较与选择能力。

　　《焊工技能训练》等承担职业活动体系构建任务的教材，依据技术类职业活动对所从事人职业特质的要求，采用了过程驱动的方式，形成了"做中学"的各种教材的结构与体例。这对于培养从事制造业等技术技能型人才的过程导向的思维方式、行为的标准规范、准确的技术语言，特别是对尊重工艺规范和追求标准与精度价值的敏感特质的形成是十分有效的。

　　在每一本教材的教材目标、教材内容、教材结构、教材素材的设计和选择上，充分利用教材所承载的课程标准与国家职业资格标准、课程内容与典型职业活动、教学过程与职业活动逻辑、教材素材与职业活动案例的对接，力图去实现工学结合。因此，这套教材不但符合我国经济发展方式转变、产业结构调整升级的新形势，也符合行动导向教学方法，有利于学生职业素质和职业能力的形成。

这套由专业理论知识体系教材、技术框架体系教材和职业活动逻辑体系教材构成的专业教材体系，由课程标准与国家职业资格标准、课程内容与典型职业活动、教学过程与职业活动逻辑、教材素材与职业活动案例的对接形成的教材，不但有利于学生的就业，也为学生的升学和职业生涯的发展奠定了基础。

2013 年 3 月

本书是国家中等职业教育改革发展示范学校建设成果系列教材之一。本书以能力培养为目标,力求突出自动化控制技术的实用性。

本书共分为九个单元:自动分拣单元,自动供料单元,温度自动控制单元,液位自动控制单元,液体流量自动控制单元,照明灯自动开关控制单元,火灾自动报警与监控单元,电力变压器的自动控制单元,自动化立体仓库单元。本书在编写过程中考虑到中等职业教育的特点,遵循"以学生为主体,以能力为本位,以应用为目的,以就业为导向"的职教理念。本书有以下特点:

(1)采用单元体例编写,内容紧密联系生产生活实际。

(2)以典型的自动控制案例为载体,以各自动控制单元的构造为主线,将知识点贯穿于各单元之中。

(3)教学内容与实践相结合,理论与实际相结合,加大自动控制实例的介绍。

(4)在教材内容上,注重内容的趣味性、实用性。本着"先感性、后理性"的原则,每节内容都从"演示与观察"环节开始,以实例介绍本节将要学习的内容;在"解释与学习"环节深入学习各自动控制单元的相关知识,简化理论推导和电路分析,注重自动控制的应用;"应用与拓展"环节为各自动控制单元的实际应用,以及与自动控制相关的新知识、新技术,进一步拓展了知识面。

(5)全书内容图文并茂,形象直观,能提高学生的学习兴趣。

本书教学内容参考学时分配如下表所列:

单元	内 容	能 力 水 平	学时分配
单元一	自动分拣单元	(1)了解几种自动分拣单元的组成、功能、工作原理; (2)熟知自动分拣在实际生产和生活中的应用	12
单元二	自动供料单元	(1)了解供料装置的类型,熟悉各类供料装置的结构、工作原理; (2)熟悉柔性制造系统中的自动供料单元的结构组成、工作原理; (3)熟知自动供料单元在实际生产和生活中的应用	8
单元三	温度自动控制单元	(1)了解电饭锅、电冰箱、加热炉温度自动控制单元的结构组成、功能、工作原理; (2)熟知温度自动控制在实际生产和生活中的应用	12
单元四	液位自动控制单元	(1)了解几种液位自动控制单元的组成、功能、工作原理; (2)熟知液位自动控制在实际生产和生活中的典型应用	8

自动控制单元构造

单元	内　容	能　力　水　平	学时分配
单元五	液体流量自动控制单元	（1）认识红外线控制自动水龙头的结构组成，熟悉它的工作原理； （2）认识变频恒压供水系统的结构组成，熟悉其工作原理； （3）熟知液体流量自动控制在实际生产和生活中的应用	8
单元六	照明灯自动开关控制单元	（1）熟悉光控路灯的几种控制电路、工作原理； （2）熟悉声光控照明灯的结构组成、工作原理； （3）熟知照明灯自动开关控制在实际生活中的应用	8
单元七	火灾自动报警与监控单元	（1）熟悉火灾自动报警单元的组成、工作原理和应用； （2）熟悉火灾探测器的类型、工作原理和适用范围； （3）熟悉电气火灾监控单元的组成、工作原理和应用	10
单元八	电力变压器的自动控制	（1）了解电力变压器自动监视测量及保护系统的组成； （2）熟知变压器各控制单元的基本工作原理； （3）了解煤油气相干燥设备的工作原理、结构组成； （4）熟知煤油气相干燥设备的控制过程及应用	8
单元九	自动化立体仓库	（1）熟悉自动化立体仓库的基本组成部分； （2）熟悉自动化立体仓库工作流程、各部分工作原理； （3）熟知自动化立体仓库在实际生产和生活中的应用	6
总　学　时			80

2

本书由赵立维任主编并负责全书统稿，任贵军任副主编，陈慧争、赵云涛、邓彩玲、董敬坤参与了本书的编写工作，程周任主审。在编写过程中参阅了大量的文献（详见本书后的"参考文献"），在此向这些文献的作者表示衷心的感谢。

由于编者水平有限，书中难免有疏漏和不足之处，敬请读者批评指正，以便修订时改正和完善。

为了方便教师教学，本书还配有电子教案和教学课件，读者可登录 http://www.51eds.com 下载。

编　者
2013 年 3 月

目 录

CONTENTS

单元一
自动分拣单元

　　自动分拣单元是指能够识别物品属性并对物品进行分类传输的自动控制单元。自动分拣单元一般由控制装置（识别、接收和处理分拣信号）、输送装置（传送带或传送机）、分类装置（改变物品在输送装置上的运行方向）及分拣道口（传送带、滚筒等组成的滑道）等四部分组成，它们通过计算机网络连接在一起，配合人工控制及相应的人工处理环节构成一个完整的分拣系统。通过本单元的学习，将能够：

　　（1）了解几种自动分拣单元的组成、功能、工作原理。

　　（2）熟知自动分拣在实际生产和生活中的应用。

任务 一

认识颜色识别自动分拣单元

演示与观察

在工业生产中经常需要对不同的工件进行分类，例如按不同质量分类，按不同颜色分类，按不同大小分类等。图 1-1 所示为一个按颜色分拣的自动药丸分拣机模拟实验装置。

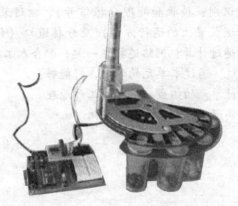

图 1-1 　自动药丸分拣机模拟实验装置

解释与学习

首先来看一个能分拣黑色和白色工件的自动分拣单元。

一、颜色识别自动分拣单元的功能

颜色识别自动分拣单元是实现将传送带上不同颜色的工件进行自动分拣，使不同颜色的工件从不同的料槽分流的功能，图 1-2 为颜色识别自动分拣单元的工作过程示意图。

图 1-2 　颜色识别自动分拣单元的工作过程示意图

二、颜色识别自动分拣单元的结构组成

颜色识别自动分拣模拟实验装置的结构如图 1-3 所示。其主要结构组成为传送和分拣机构，传动机构，控制模块，电磁阀组，接线端口，PLC（可编程逻辑控制器），底板等。

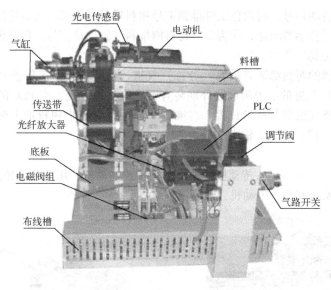

图 1-3　颜色识别自动分拣模拟实验装置的结构

三、颜色识别自动分拣单元的各部件功能

1. 传送和分拣机构

传送和分拣机构如图 1-4 所示。它的作用是传送已经加工、装配好的工件，用光纤传感器检测并进行分拣。它主要由传送带、物料槽、推料（分拣）气缸、漫反射式光电传感器、光纤传感器、磁感应接近式传感器组成。

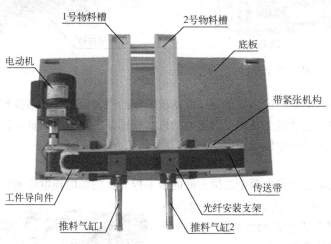

图 1-4　传送和分拣机构

传送带是把机械手输送过来加工好的工件进行传输，输送至分拣区。工件导向件是用来纠偏机械手输送过来的工件。两条物料槽分别用于存放加工好的黑色工件和白色工件。

传送和分拣的工作原理：当机械手将工件放到传送带上并被入料口漫反射式光电传感器检测到时，将信号传输给 PLC，通过 PLC 的程序启动变频器，电动机运转，驱动传送带工作，把工件带进分拣区，如果进入分拣区工件为白色，则检测白色工件的光纤传感器动作，作为 1 号物料槽推料气缸启动信号，将白色工件推到 1 号物料槽里；如果进入分拣区工件为黑色，则检测黑色工件的光纤传感器动作，作为 2 号物料槽推料气缸启动信号，将黑色工件推到 2 号物料槽里。图 1-5 是分拣工件示意图。

在每个物料槽的对面都装有推料（分拣）气缸，把分拣出的工件推到对号的料槽中。在两个推料（分拣）气缸的前极限位置分别装有磁感应接近开关，在 PLC 的自动控制下可根据该信号来判别分拣气缸当前所处位置。当推料（分拣）气缸将物料推出时，磁感应接近开关动作输出信号为"1"；反之，输出信号为"0"。

2. 传动机构

传动机构如图 1-6 所示。传动机构采用三相减速电动机，用于拖动传送带从而输送物料。它主要由电动机安装支架、电动机、联轴器等组成。

1号物料槽　　　2号物料槽

图 1-5　分拣工件示意图

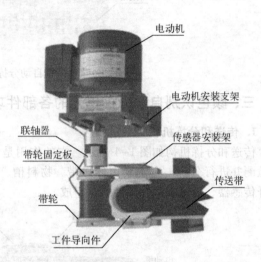

电动机

电动机安装支架

联轴器

传感器安装架

带轮固定板

传送带

带轮

工件导向件

图 1-6　传动机构

三相电动机是传动机构的主要部分，电动机转速的快慢由变频器来控制，其作用是拖动传送带从而输送物料。电动机支架用于固定电动机。联轴器由于把电动机的轴和传送带主动轮的轴连接起来，从而组成一个传动机构。

3. 电磁阀组

该分拣单元的电磁阀组由两个二位五通的带手控开关的单电控电磁阀组成，它们安装在汇流板上，如图 1-7 所示。这两个阀分别对白色工件推动气缸和黑色工件推动气缸的气路进行控制，以改变各自的动作状态。

电磁阀所带手控开关有锁定（LOCK）和开启（PUSH）两种位置。在进行设备调试时，使手控开关处于开启位置，可以使用手控开关对阀进行控制，从而实现对相应气路的控制，以改变推料缸等执行机构的控制，达到调试的目的。

图 1-7　电磁阀组外形

四、颜色识别自动分拣中的检测开关

1. 光纤传感器

在传送带上方分别装有两个光纤传感器，光纤传感器由光纤检测头、光纤放大器两部分组成，如图1-8所示。光纤放大器和光纤检测头是分离的两个部分，光纤检测头的尾端部分分成两条光纤，使用时分别插入放大器的两个光纤孔。

光纤传感器的放大器的灵敏度调节范围较大。当光纤传感器灵敏度调得较小时，反射性较差的黑色工件，光电探测器无法接收到反射信号；而反射性较好的白色工件，光电探测器就可以接收到反射信号。反之，若调高光纤传感器灵敏度，则即使对反射性较差的黑色工件，光电探测器也可以接收到反射信号。因此，可以通过调节灵敏度判别黑白两种颜色工件，将两种工件区分开，从而完成自动分拣工序。

2. 漫反射式光电传感器

漫反射式光电传感器是利用光照射到被测物体上后反射回来的光线而工作的，由于物体反射的光线为漫反射光，故该种传感器称为漫反射式光电传感器，如图1-9所示。

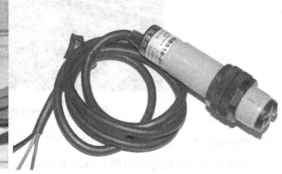

图1-8　光纤传感器　　　　　　　　　图1-9　漫反射式光电传感器

图1-10为漫反射式光电传感器的工作原理示意图，它的工作原理是：光发射器与光接收器处于同一侧位置，且为一体化的结构，在工作时，光发射器始终发射检测光，当传感器的前方一定距离内没有物体时，则没有光被反射回来，传感器就处于常态而不动作；如果在传感器的前方一定距离内出现物体，只要反射回来的光的强度足够大，则接收器接收到足够的漫射光后就会使传感器动作。

3. 磁感应式接近开关

自动控制中所使用的气缸都是带磁性开关的气缸，这些气缸的缸筒采用导磁性弱、隔磁性强的材料，如硬铝、不锈钢等。在非磁性体的活塞上安装一个磁性开关以确定工件是否被推出或气缸是否返回。图1-11所示为磁感应式接近开关。

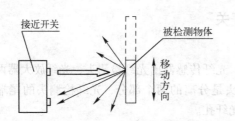

图1-10　漫反射式光电传感器的工作原理示意图　　图1-11　磁感应式接近开关外形

在磁性开关上设置的 LED（发光二极管）用于显示其信号状态，供调试时使用。磁性开关动作时，输出信号"1"，LED 亮；磁性开关没有动作时，输出信号"0"，LED 不亮。

应用与拓展

颜色识别自动分拣在各行各业都有应用。如工厂利用它对不同颜色的货物进行划分，药品厂利用它对不同颜色的药品进行归类，生物上利用它对细胞进行检测，生活上利用它检测番茄的成熟度等。图 1-12 所示为牛奶包装箱的自动分拣装置。

图 1-12　牛奶包装箱的自动分拣装置

牛奶包装箱的自动分拣过程：

不同包装的牛奶分成单层、双层或四层进行装箱，然后通过传送装置送往分拣车间，视觉传感器［CCD（电荷耦合元件）视觉传感器、CMOS（互补金属氧化物半导体）视觉传感器等］按颜色分拣不同类型的包装箱，分类装置把包装箱准确无误地分装到传送带上。

任务二

认识物料自动分拣单元

演示与观察

物料自动分拣单元是以 PLC 为主控单元，通过各种传感器进行信号采集，实现对传送带上工件的颜色辨别、材质分类、定位等功能，图 1-13 所示为物料自动分拣装置。

图 1-13　物料自动分拣装置

解释与学习

以一个能分拣金属与非金属物料的自动分拣模拟实验装置为例来分析物料自动分拣单元。

一、金属与非金属物料自动分拣装置的工作过程

金属与非金属物料自动分拣模拟实验装置如图 1-14 所示，当落料光电传感器检测到有物料后，即启动输送电动机；当物料经过推料 1 位置，如果电感式传感器动作，则说明该物料为

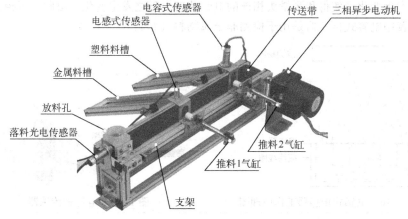

图 1-14　金属与非金属自动分拣模拟实验装置

金属物料,则气缸动作将物料推入到金属料槽中;当物料未被电感式传感器识别时,则被输送到推料2位置,此时如果电容式传感器动作,则说明该物料必定为非金属物料,气缸动作将其推入到塑料料槽中。

二、金属与非金属物料自动分拣装置的组成

1. 自动分选部分

自动分选部分由光电传感器、电感式传感器、电容式传感器、放料孔、推料气缸及滑道组成。其中落料光电传感器用于检测是否有物料放到传送带上,并给 PLC 一个输入信号;放料孔用于物料落料位置定位;电感式传感器用于检测金属物料;电容式传感器用于检测非金属物料;推料气缸用于将物料推入料槽,由双向电控气阀控制。

2. 传送带

传送带由三相异步电动机驱动转动,低速运行。

3. 料槽

金属料槽用于放置金属物料;塑料料槽用于放置非金属物料。

三、物料自动分拣用的检测开关

1. 金属分拣用的电感式传感器

为了检测物料是否为金属,在分拣工件导向件右侧装有一个电感式传感器,如图1-15所示。

电感式传感器是利用电涡流效应制成的具有开关量输出的位置传感器,它由 LC 高频振荡和放大处理电路组成。在物料分拣中,金属物料在接近电感式传感器的振荡感应头时,会在物体内部产生涡流,这个涡流反过来作用于接近开关使接近开关振荡能力减弱,导致其内部参数发生变化,由此识别出有无金属物料接近,由此来识别是否是金属物料,进而控制开关的通或断。图1-16为电感式传感器工作原理图。

图1-15　电感式传感器

2. 非金属分拣用的电容式传感器

电容式传感器也属于开关量输出的位置传感器,如图1-17所示。它的测量头通常是构成电容器的一个极板,而另一个极板是待测物体本身,当物料靠近接近开关时,物料和接近开关的介电常数发生变化,使得和测量头相连的电路状态也随之发生变化,由此,可控制开关的通或断。本装置中电容式传感器是用于检测非金属物料(塑料)。

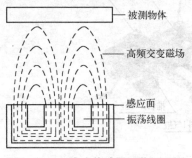

图1-16　电感式传感器工作原理图

图1-17　电容式传感器

物料自动分拣已成为发达国家工业自动控制中不可缺少的一部分，目前主要应用在大中型物流中心、配送中心、流通中心、邮局分拣信件和城市垃圾自动分拣等。图1-18所示为邮件的自动分拣装置。

图1-18　邮件自动分拣装置

邮件自动分拣过程：

邮件自动分拣主要通过对在传送带上通过的邮件进行拍摄，获得邮件的图像信息，识别出邮政编码后由邮政编码的数字信息来控制邮件流向。当邮件送至分拣机的传送带上时，通过检测装置（CCD传感器等）把邮件的邮政编码检测出来，同时电动机启动运转，驱动传送带，邮件随传送带向前传送。当邮件传送到与邮件邮政编码相同的分拣箱处时，触发分拣臂，把邮件推至分拣箱中。

演示与观察

机械手是一种能模仿人手和臂的某些动作功能，用以按固定程序抓取、搬运物件或操作工具的自动操作装置。机械手是在机械化、自动化生产过程中发展起来的一种新型装置，它可在空间抓、放、分拣、搬运物体等。其动作灵活多样，能在有害环境下操作以保护人身安全，因而广泛应用于机械制造、冶金、电子、轻工和原子能等部门。图 1-19 所示为机械手自动分拣工件的装置。

图 1-19　机械手自动分拣工件的装置

解释与学习

一、机械手自动分拣单元的组成

机械手自动分拣单元主要由执行机构、控制机构、传动机构、驱动机构、感知机构等组成。

1. 执行机构

（1）机械手的手部。机械手的手部是直接握持工件或工具的部分。由于被握持的工件的形状、尺寸、质量、材质及表面状态的不同，手部机构也是多种多样的。按与物件接触的形式不同，可分为夹持式和气吸式。

夹持式手部的结构与人手相似，是工业机械手广泛应用的一种手部形式。它主要由手指、传动机构、驱动机构组成。夹持式手部结构又可分为内撑式、外夹式和内外夹持式，其区别在于夹持工件的部位不同，手爪动作方向的不同。图1-20所示为夹持式机械手的手部。

气吸式手部又称真空吸盘式手部，是通过吸盘内产生真空或负压，利用压差将工件吸附，是工业机械手常用的一种吸持工件的装置。它由吸盘、吸盘架及排气单元组成。主要适用于板材、薄壁零件、陶瓷搪瓷等搪制品、纸张及塑料等表面光滑工件的抓取。图1-21所示为真空吸盘。

图1-20　夹持式机械手的手部

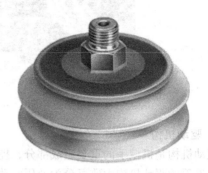
图1-21　真空吸盘

（2）机械手的腕部。机械手的腕部是连接手部和臂部的部件，并可用来调节被抓物体的方位，以扩大机械手的动作范围，并使机械手变得更灵巧，适用性更广。手腕有独立的自由度，有回转运动、上下摆动、左右摆动。一般腕部设有回转运动再增加一个上下摆动即可满足较为复杂工作要求，有些动作较为简单的专用机械手，为了简化结构，可以不设腕部，而直接用臂部运动驱动手部搬运工件。机械手的腕部如图1-22所示。

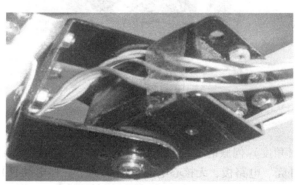
图1-22　机械手的腕部

（3）臂部。手臂部件是机械手的重要握持部件。它的作用是支撑腕部和手部（包括工件或夹具），并带动它们做空间运动。臂部运动的目的是把手部送到空间运动范围内任意一点。如果改变手部的姿态（方位），则用腕部的自由度加以实现。因此，一般来说臂部具有三个自由度才能满足基本要求，即手臂的伸缩、左右旋转、升降（或俯仰）运动。手臂的各种运动通常用驱动机构和各种传动机构来实现，从臂部的受力情况分析，它在工作中既受腕部、手部和工件的静、动载荷所施加的力，而且自身运动较多，受力复杂。因此，臂部的结构、工作范围、灵活性以及抓重大小和定位精度直接影响机械手的工作性能。机械手的臂部如图1-23所示。

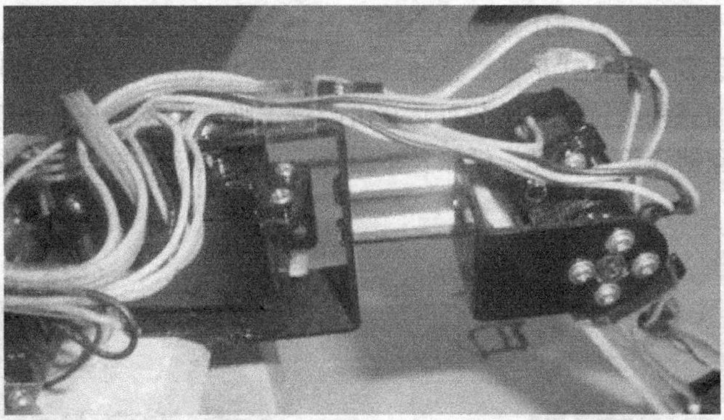

图 1-23　机械手的臂部

2. 驱动机构

驱动机构是机械手的重要组成部分，提供机器人各关节所需的动力。根据动力源的不同，工业机械手的驱动机构大致可分为液压驱动、气动驱动、电动驱动和机械驱动四类。电动驱动机构一般采用直流电动机、步进电动机、舵机等。图 1-24 所示为电动驱动机构中的舵机。

图 1-24　电动驱动机构中的舵机

舵机是一种位置（角度）伺服的驱动器，适用于那些需要角度不断变化并可以保持的控制单元。舵机主要由外壳、电路板、无核心电动机（又称空心杯电动机）、齿轮与位置检测器等构成。其工作原理是由接收机发出信号给舵机，经由电路板上的 IC（集成电路）芯片判断转动方向，再驱动无核心电动机开始转动，通过减速齿轮将动力传至摆臂，同时由位置检测器送回位置信号，判断被控装置是否已经到达定位。位置检测器其实就是可调电阻器，当舵机转动时，其电阻值也会随之改变，通过检测电阻值便可知被控装置转动的角度。

3. 控制机构

控制机构像人的大脑，它可以指挥机械手的动作。在机械手的控制上，有点位型和连续轨迹型。点位型只控制执行机构由一点到另一点的准确定位，适用于机床上下料、点焊、一般搬运和装卸等作业；连续轨迹型可控制执行机构按给定轨迹运动，适用于连续焊接和涂装等作业。随着计算机的发展，机械手多采用 PLC、单片机控制，采用凸轮、磁盘磁带、穿孔卡等记录程序。图 1-25 所示为单片机控制机构。

图 1-25　单片机控制机构

4. 感知机构

机械手自动分拣单元中的感知机构（即传感器）有内部传感器和外部传感器两种。内部传感器是用来检测机械手本身状态（如手臂间角度）的传感器。多为检测位置和角度的传感器；外部传感器是用来检测机械手所处环境（如是什么物体，离物体的距离有多远等）及状况（如抓取的物体是否滑落）的传感器。具体有物体识别传感器、物体探伤传感器、接近觉传感器、距离传感器、力觉传感器，听觉传感器等。下面简要介绍机械手自动分拣中的两种物体识别传感器。

（1）形状觉传感器。形状觉传感器的作用是检测物体外形，提取物体轮廓及固有特征，识别物体。有光敏阵列传感器、CCD 传感器等。图 1-26 所示为 CCD 传感器。

图 1-26　CCD 传感器

（2）色觉传感器。色觉传感器的作用是检测物体的颜色与色彩浓度，按照颜色识别物体。色觉传感器有光电传感器、滤色器传感器、彩色 CCD 传感器等类型。图 1-27 所示为滤色器传感器。

图 1-27　滤色器传感器

二、机械手自动分拣单元的分拣过程

当物料检测光电传感器检测到有物料时，机械手手臂伸出，手爪下降抓取物件，执行抓取物件的同时，由舵机角度传感器判断物件的大小，由机械手爪中的色觉传感器（如光电传感器）、形状觉传感器判断物件的颜色、形状，分拣后放到相应的位置。如图1-28、图1-29所示为机械手分拣黑色工件和白色工件的示意图。

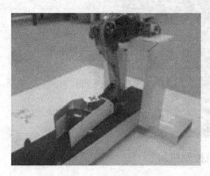 

图1-28　分拣黑色工件　　　　　　　图1-29　分拣白色工件

应用与拓展

机械手自动分拣可应用于食品分拣、药品分拣、蔬菜与水果的质量分拣、出窑陶瓷砖分拣、城市垃圾分拣等领域中。图1-30所示为机械手分拣不同颜色的巧克力豆。

图1-30　机械手分拣不同颜色的巧克力豆

单 元 小 结

本单元重点学习了几种自动分拣单元的组成、部件功能、工作原理和应用。

（1）自动分拣单元一般由控制装置、输送装置、分类装置及分拣道口等组成。

（2）自动分拣单元的工作过程：被分拣物品可通过条形码扫描、色码扫描、键盘输入、质量检测、语音识别、高度检测及形状识别等方式，输入到分拣控制单元中，分类装置根据控制装置发出的分拣指令，改变物料在输送装置上的运行方向进入其他输送机或进入分拣道口。

（3）自动分拣始于邮政包裹的分拣，目前广泛应用于医药、食品、卷烟、航空、港口、产品制造等行业。

习　　题

1. 简述自动分拣单元的组成。

2. 举例说明自动分拣单元在实际生活中的应用。

3. 有一分拣装置能实现如下功能：（1）能对铁物质分拣；（2）能对铝物质分拣；（3）能对黄色塑料分拣；（4）能准确地排除废物（前三种物质除外的其他物料）。请选择合适的传感器，设计出实现该分拣功能的可行方案。

4. 现在路边摆放的大都是分类垃圾桶，如图1-31所示。可是人们在匆忙之中扔掉的垃圾很多都没有正确分类，这使得路边的分类垃圾桶变得与普通的垃圾桶作用相同了。请设计一个自动分类垃圾桶，即人们只需要把垃圾扔进去就行了，分类由垃圾桶自身来完成。

图1-31　分类垃圾桶

单元二
自动供料单元

　　自动供料单元是自动化生产设备和自动化生产线中复杂程度较高的部分。自动装配要求有一个高生产率的条件，各种装配零件从散装状态到待装状态，必须经过一个处理过程，即能在正确的位置、准确的时刻、以正确的空间状态、从行列中分离出来，移到装配机相应工位上。因此，装配工艺的自动化、柔性化，很大程度取决于一个好的供料单元。通过本单元的学习，将能够：

　　(1) 了解供料装置的类型，熟悉各类供料装置的结构、工作原理。

　　(2) 熟悉柔性制造系统中的自动供料单元的结构组成、工作原理。

　　(3) 熟知自动供料单元在实际生产和生活中的应用。

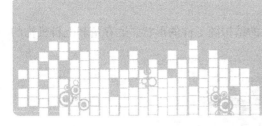

认识自动供料装置的类型

演示与观察

各种装配零件从散装状态到待装状态，必须经过一个处理过程，即能在正确的位置、准确的时刻、以正确的空间状态，从行列中分离出来移到相应的工位上，这个过程称为供料，能够实现自动供料的装置称为自动供料装置，如图2-1所示。

图2-1　自动供料装置

要了解自动供料单元，首先要认识供料装置的类型。对于少品种大批量生产的中小型料件，可用料仓式和料斗式供料装置，即通常所说的自动供料装置就是指这一类；对于大型料件，如箱体类，通常采用传送带式供料装置；对于多品种少批量生产的料件，通常采用机械手或工业机器人。

解释与学习

一、料仓式供料装置

料仓式供料装置是一种半自动供料装置，需要人工定时把一批工件按照一定的方向和位置顺序排列在料仓中，然后供料装置自动地依次把工件一个个送至规定地点，料仓式供料装置如图2-2所示。这种供料装置虽然自动化程度较低，但结构简单，工作可靠性高，适用于大批量生产，料件质量、尺寸较大或形状较复杂而难于自动定向，或在自动定向中碰撞和摩擦的工件，工序时间较长的场合。

图2-2　料仓式供料装置

料仓式供料装置通常由料仓、输料槽、隔料器和上料机构等组成。有时也可由一个机构来同时完成多种功能，如上料器兼有隔料功能、料仓与输料槽合一等。

1. 料仓

料仓的作用是贮存人工定向整理后的工件，它的结构随工件的形状、贮存量和上料机构的不同而不同，料仓的外形如图2-3所示。

图2-3　料仓的外形

2. 隔料器

隔料器又称隔离器，其作用是限制从料仓一次进入上料机构的料件数量，在很多情况下，上料机构的取料器同时兼有隔料作用。当料件较重时，为避免料仓或输料槽中的全部料件的重量直接作用在取料器上，应设置专用隔料器。

3. 输料槽

输料槽的作用是把料件从料仓输送到上料机构中，有时也兼作贮料器，输料槽的外形如图2-4所示。

图2-4　输料槽的外形

4. 上料机构

上料机构的作用是把输料槽中的料件按要求送到预定的位置。上料过程一般是先由抓取器从输料槽中取出料件并送至上料处，然后由上料杆将料件送至所需的预定的位置。有时抓取和上料由同一机构完成。

二、料斗式供料装置

料斗式供料装置具有自动定向机构，是一种自动供料装置，能实现供料过程的完全自动化。工人将单个料件成批地任意倒入料斗后，料斗中的定向机构能将杂乱堆放的料件进行自动定向整理，然后依次送至规定地点。这种供料装置适用于料件外形比较简单，质量和体积比较小，上料节拍短，允许料件表面有擦痕的情况，料斗式供料装置的料斗如图2-5所示。

常用的料斗式供料装置有振动式料斗、喷射式料斗、回转板式料斗、往复摆动式料斗、循环链板式料斗、往复管式料斗等类型。振动式送料器是一种高效的供料装置，常用于机床上下料装置，它是借助于电磁力或其他驱动力产生的微小振动，巧妙地利用振动与摩擦使料件在惯性力和摩擦力的作用下，一方面使料件沿着一定路线进行移动，一方面进行排列传递，使料件在振动料斗的直线料槽或螺旋料槽上获得平稳的滑移。同其他送料器相比，振动式送料器具有结构简单、调试方便、不需润滑、易于维护、故障较少等特点，并能有效地控制上料率、易于实现标准化、系列化、通用化。图2-6所示为振动式送料器的外形。

图2-5　料斗式供料装置的料斗

图2-6　振动式送料器的外形

三、传送带式供料装置

传送带式供料装置是一种由驱动滚筒带动传送带，由传送带作为承载件和牵引件，靠摩擦驱动连续输送散碎物件或成件的连续输送机械，如图2-7所示。传送带式供料装置具有输送能力大、功耗小、构造简单、对物料适应性强，应用范围较为广泛的特点。目前，在矿山的井下巷道、矿井地面运输系统、露天采矿场及选矿厂中，广泛应用传送带式供料装置作为水平运输或倾斜运输工具。

图2-7　传送带式供料装置

应用与拓展

目前随着视觉识别技术的发展，出现了基于视觉识别的柔性供料装置。所谓视觉识别是指料件在自动装配系统中，如何对随意放置在传输装置上或定位点上料件的位置、形状、姿势、种类等进行自动识别。机器人视觉识别系统主要是利用颜色、形状等信息来识别环境目标。以机器人对颜色的识别为例，当摄像头获得彩色图像以后，机器人上的嵌入计算机系统将模拟视频信号数字化，将像素根据颜色分成两部分：感兴趣的像素（搜索的目标颜色）和不感兴趣的像素（背景颜色）。然后，对这些感兴趣的像素进行 RGB（红绿蓝）颜色分量的匹配。为了减少环境光强度的影响，可把 RGB 颜色域空间转化到 HIS（颜色的三个特征，H 表示色调，I 表示亮度或强度，S 表示饱和度）颜色空间。图 2-8 所示为机械手柔性自动供料装置。

图 2-8　机械手柔性自动供料装置

柔性供料装置的工作原理：散装料件在料斗里随着具有一定坡度的倾斜传送带移动，传送带不同的坡度、摩擦因数将会起到不同程度分离料件的作用，分离后的料件通过坡道转移到水平传送带上，水平传送带上的料件通过视觉识别，利用机械手把处在正确位姿的料件取走，而那些位姿不正确的料件则转移到返回传送带上，并由返回传送带传送至回料斗进行重新上料。图 2-9 所示为柔性供料装置的工作原理示意图。

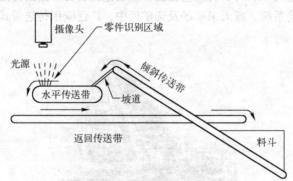

图 2-9　柔性供料装置的工作原理示意图

任 务 二

认识柔性制造系统中的自动供料单元

演示与观察

柔性制造系统是由统一的信息控制系统、物料储运系统和一组数字控制加工设备组成，能适应加工对象变换变化的机械制造系统。图2-10所示为柔性制造系统的模拟实验装置。

图 2-10　柔性制造系统的模拟实验装置

解释与学习

下面，简要介绍柔性制造系统中的自动供料单元。

一、自动供料单元的功能

柔性制造系统自动供料单元的具体功能是：按照需要将放置在料仓中待加工工件（原料）自动地取出推到物料台上，以便输送单元的机械手将其抓取，输送到其他单元上。

二、自动供料单元的结构组成

图2-11所示为自动供料单元的结构，主要由工件装料管、光电传感器、磁性开关、工件推出装置、落料支撑板、电磁阀组、端子排组件、PLC、走线槽、底板等组成。

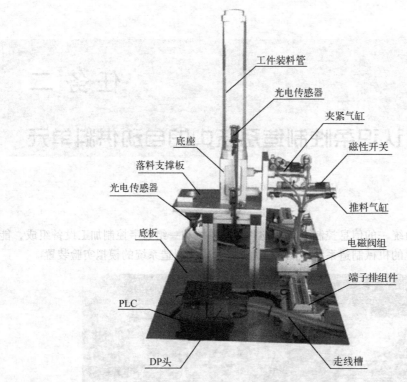

工件装料管

光电传感器

夹紧气缸

磁性开关

底座

落料支撑板

光电传感器

推料气缸

底板

电磁阀组

端子排组件

PLC

DP头

走线槽

图2-11 自动供料单元的结构

1. 储料部分

管形料仓和工件推出装置用于储存工件原料,并在需要时将料仓中最下层的工件推出到出料台上。它主要由管形料仓、推料气缸、顶料气缸(即夹紧气缸)、磁感应式接近开关(即磁性开关)、光电传感器等组成。该部分的工作原理是:工件垂直叠放在料仓中,推料气缸处于料仓的底层并且其活塞杆可从料仓的底部通过。当活塞杆在退回位置时,它与最下层工件处于同一水平位置,而顶料气缸与次下层工件处于同一水平位置。在需要将工件推出到物料台上时,首先使顶料气缸的活塞杆推出,压住次下层工件,然后使推料气缸活塞杆推出,从而把最下层工件推到物料台上。在推料气缸返回并从料仓底部抽出后,再使顶料气缸返回,松开次下层工件。这样,料仓中的工件在重力的作用下,就自动向下移动一个工件,为下一次推出工件做好准备。

2. 电磁阀组

供料单元的阀组只使用两个由二位五通的带手控开关的单电控电磁阀,如图2-12所示。两个电磁阀集中安装在汇流板上,汇流板中两个排气口末端均连接了消声器,消声器的作用是减少压缩空气在向大气排放时的噪声。两个电磁阀分别对顶料气缸和推料气缸的气路进行控制,以改变顶料气缸和推料气缸的状态。

手控开关是向下凹进去的,需使用专用工具才可以进行操作。向下按下时,信号为"1",等同于该侧的电磁信号为"1";常态下,手控开关的信号为"0"。在进行设备调试时,可以使用手

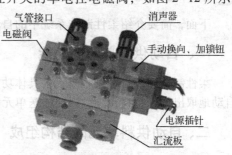

气管接口

消声器

电磁阀

手动换向、加锁钮

电源插针

汇流板

图2-12 电磁阀组

控开关阀进行控制，从而实现对相应气路的控制，以改变推料杆等执行机构的状态，达到调试的目的。

注意：在阀的电磁控制信号为"1"时，不要使用手控开关，以免造成故障或设备损坏。

三、自动供料单元中的检测开关

1. 漫反射式光电接近开关

在底座位置处和管形料仓底层起的第四层工件位置，分别安装一个漫反射式光电接近开关。它们的功能是检测料仓中有无储料或储料是否足够，图2-13所示为漫反射式光电接近开关外形。

图2-13　漫反射式光电接近开关外形

漫反射式光电接近开关是利用光照射到被测物体上后反射回来的光线而工作的，由于物体反射的光线为漫反射光，故称为漫反射式光电接近开关。它的光发射器与光接收器处于同一侧位置，且为一体化结构，在工作时，光发射器始终发射检测光，若接近开关前方一定距离内没有物体，则没有光被反射到接收器，接近开关处于常态而不动作；反之若接近开关的前方一定距离内出现物体，只要反射回来的光强度足够大，则接收器接收到足够的漫射光就会使接近开关动作而改变输出的状态。图2-14所示为漫反射式光电接近开关的工作原理示意图。

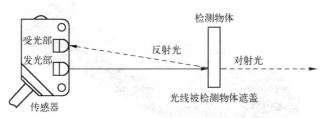

图2-14　漫反射式光电接近开关的工作原理示意图

由漫反射式光电接近开关的工作原理可知，若两个漫反射式光电接近开关所对应的机构内没有工件，则处于底座位置处和管形料仓底层起第四层位置的两个漫反射式光电接近开关均处于常态；若仅在底层起有三个工件，则底层处漫反射式光电接近开关动作而第四层处光电接近开关处于常态，表明储料已经不足。这样，料仓中有无储料或储料是否足够，就可以通过这两个漫反射式光电接近开关的信号状态反映出来。在PLC控制程序中，就可以利用该信号的状态来判断底座和装料管中储料的情况，为实现自动控制奠定了硬件基础。

被推料气缸推出的工件将落到物料台上。物料台上面开有小孔，物料台下面也设有一个漫反射式光电接近开关，工作时向上发出光线，透过小孔检测是否有工件存在，以便向系统发出本单元物料台上有无工件的信号。在输送单元的控制程序中，就可以利用该信号状态来判断是否需要驱动机械手装置来抓取工件。

2. 磁感应式接近开关

气缸两端分别有缩回限位和伸出限位两个极限位置，这两个极限位置都分别装有一个磁感应式接近开关，如图 2-15 所示。磁感应式接近开关的基本工作原理是：当磁性物质靠近磁感应式接近开关时，磁感应式接近开关便会动作并发出电信号。若在气缸的活塞（或活塞杆）上安装上磁性物质，在气缸缸筒外面的两端位置各安装一个磁感应式接近开关，就可以用这两个传感器分别标识气缸运动的两个极限位置。当气缸的活塞杆运动到某一端时，该端的磁感应式接近开关就动作并发出电信号。在 PLC 的自动控制中，可以利用该信号判断推料及顶料气缸的运动状态或所处的位置，以确定工件是否被推出或气缸是否已返回。在磁感应式接近开关上设置有 LED 显示，用于显示磁感应式接近开关的信号状态，供调试时使用。磁感应式接近开关动作时，输出信号"1"，LED 亮；磁感应式接近开关不动作时，输出信号"0"，LED 不亮。磁感应式接近开关的安装位置可以调整，调整方法是松开磁感应式接近开关的固定螺钉，让磁感应式接近开关在气缸的滑轨里滑动，到达指定位置后，再旋紧固定螺钉。

图 2-15 磁感应式接近开关外形

应用与拓展

柔性制造系统中供料单元料仓入料方式除了采用人工送料方式外，还可采用各种传送带、自动导引小车、工业机器人等方式送料。图 2-16 所示为自动导引小车（AGV）。

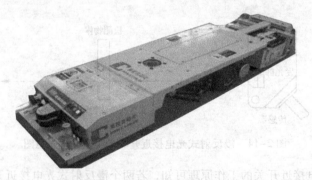

图 2-16 自动导引小车（AGV）

AGV 是一种全自动物料搬运设备，上面装备有自动导向系统，可以保障系统在不需要人工引航的情况下就能够沿预定的路线自动行驶，将货物或物料自动从起始点运送到目的地（如供料单元中的料仓），其显著特点是无人驾驶。自动导引小车可实现在柔性制造系统各工作站之间自动输送原材料，目前广泛应用于机械制造、汽车装配、冶金、焊接、包装、物流以及其他特殊场合。

单 元 小 结

本单元重点学习了自动供料装置的类型，自动供料单元的组成、部件功能、工作原理和应用。

（1）自动供料装置主要有三种类型：料仓式、料斗式和传送带式供料装置。

（2）自动供料单元广泛应用于机械制造、冶金、矿山、煤炭、化工、粮食等行业。

习 题

1. 自动供料装置类型有哪些？料仓式供料装置与料斗式供料装置有何区别？

2. 柔性制造系统的自动供料单元中哪几处用了漫反射式光电传感器？它们的作用是什么？

3. 供料单元中磁感应式接近开关的作用是什么？

4. 养殖场中的自动供料装置能实现如下功能：（1）能自动检测料槽中的料位，当料槽缺料时，启动输料电动机，料槽开始下料；当料槽中料满，输料电动机停止输料。（2）由上料电动机给料仓加料，当料仓缺料时，控制箱发出声光报警，提示工人上料，当料仓料上满后，控制箱有 LED 指示，停止上料。该装置应该选择何种传感器？各起什么作用？

单元三
温度自动控制单元

　　温度自动控制是指利用温度控制器（简称温控器）自动地对温度进行开关或调节控制。例如，在工业生产中，温度控制不好就可能引起生产安全，产品质量和产量等一系列问题。因此，温度控制装置是许多机器的重要构成部分，它的功能是将温度控制在所需要的温度范围内，然后进行工件的加工与处理。通过本单元的学习，将能够：

　　(1) 了解电饭锅、电冰箱、加热炉温度自动控制单元的结构组成、功能、工作原理。

　　(2) 熟知温度自动控制在实际生产和生活中的应用。

演示与观察

电饭锅又称电饭煲，是一种能够进行蒸、煮、炖、煨、焖等多种加工的现代化炊具。它不但能够把食物做熟，而且能够保温，使用起来清洁卫生，没有污染，省时省力，是日常生活中不可缺少的用具之一。其外形如图3-1所示。

图3-1　电饭锅外形

解释与学习

下面，以普通自动保温式电饭锅为例来分析电饭锅是如何实现温度自动控制的。

一、自动保温式电饭锅的主要结构

图3-2所示为自动保温式电饭锅外形，其特点是：饭煮熟后，能够自动断电，并且将饭的温度维持在一定的范围内，当温度下降到一定温度后，保温开关又接通电路，如此交替，达到保温的目的。

自动保温式电饭锅主要由锅体（外锅体和内锅体）、发热盘、磁钢限温器、保温开关、限流电阻器、指示灯、插座等组成。

1. 发热盘

发热盘是电饭锅的主要发热元件。发热盘是一个内嵌电发热管的铝合金圆盘，内锅就放在它上面，取下内锅就可以看见发热盘。其外形如图3-3所示。

2. 磁钢限温器

磁钢限温器的作用是当电饭锅内的饭达到煮熟温度时，使电路自动断电。它主要由感温磁钢、弹簧、永磁体、杠杆和开关按钮组成。其位置在发热盘的中央。煮饭时，按下煮饭开关，靠磁钢的吸力带动杠杆开关使电源触点保持接通，锅底的温度不断升高，永久磁环的吸力随温度的升高而减弱，当内锅里的水被蒸发掉，锅底的温度达到（103 ±2）℃时，磁环的吸力小于其上的弹簧弹力，限温器被弹簧顶下，带动杠杆开关，切断电源。其外形如图 3-4 所示。

图 3-2　自动保温式电饭锅外形　　图 3-3　发热盘外形　　图 3-4　磁钢限温器外形

3. 保温开关

保温开关又称恒温器，由一个弹簧片、一对动断触点、一对动合触点、一个双金属片组成。饭煮熟后，磁钢限温器将电饭锅电源切断，且不能复位，想要饭熟后自动保温，可在磁钢限温器上并联一个双金属片恒温器。其外形如图 3-5 所示。

双金属片恒温器是两种热膨胀系数不同的材料经轧制而形成的开关。在常温状态下，双金属片处于平直状态，煮饭时，锅内温度升高，由于构成双金属片的两片金属片的热伸缩率不同，结果使双金属片向上弯曲。当达到一定温度时，在向上弯曲的双金属片推动下，弹簧片带动动合触点与动断触点进行转换，从而切　　图 3-5　双金属片恒温器外形
断发热管的电源，停止加热。当锅内温度下降时，双金属片逐渐
冷却复原，动合触点与动断触点再次转换，接通发热管电源，进行加热。如此反复，起到保温作用。通常恒温器使电饭锅的温度维持在（65 ±5）℃。

双金属片恒温器在保温过程中动作频繁，开关的触点容易被通、断电时的电火花烧坏。为解决这个问题，可采用无触点的 PTC 元件（一种具有正温度系数的热敏电阻器）代替双金属片恒温器，利用 PTC 元件的正温度系数特性，来控制电饭锅保温过程中流过发热器的电流，较方便地实现了电饭锅的自动保温控制。采用 PTC 元件的自动保温式电饭锅保温控制精度高，

4. 限流电阻器

限流电阻器（外观以金黄色或白色为多，大小与 3 W 五环色标电阻器相似）接在发热管与电源之间，起着保护发热管的作用。常用的限流电阻器为 185 ℃　5 A 或 10 A（根据电饭锅功率而定）。限流电阻器是保护发热管的关键元件，不能用导线代替。其外形如图 3-6 所示。　　图 3-6　限流电阻器外形

二、自动保温式电饭锅的温度控制原理

1. 单按键电饭锅电路控制原理

单按键电饭锅的电路原理图如图 3-7 所示。

从图中可以看出双金属片恒温器开关 S2 和磁钢限温器开关 S1 并联，指示灯所在支路和加

热元件并联。S1 和 S2 并联后与加热元件电路（包括指示灯）串联。当 S1 和 S2 全部断开时，加热元件不工作，S1 和 S2 中有一个或全部接通时，加热元件才开始工作。

当接通电源后，由于电饭锅处于冷态，S2 处于闭合状态，电路接通，指示灯亮，加热元件升温。S1 闭合，电路继续升温，当锅内温度高于（65 ±5）℃时，S2 断开，此时只靠 S1 接通电路。当温度继续上升至居里温度（103 ±2）℃时，感温磁钢控制器失磁，S1 自动断开，指示灯熄灭，加热元件断电停止工作，电热盘的余热足以将饭焖熟。之后，电饭锅温度逐渐下降，当温度下降至（65 ±5）℃时，电饭锅进入自动保温状态，依靠双金属片恒温器的反复断通，使锅内的温度保持在（65 ±5）℃，若不需要保温，拔下电源插头即可。

2. 双按键电饭锅电路控制原理

双按键电饭锅有两个按键，一个用于控制煮饭，一个用于保温。双按键电饭锅的电路原理图如图 3-8 所示。

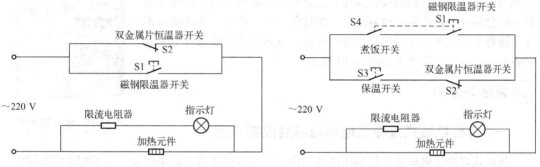

图 3-7　单按键电饭锅电路原理图　　　　图 3-8　双按键电饭锅电路原理图

电路中，S4 和 S1 是联动开关。煮饭时插好电源插头，按下煮饭开关 S4，指示灯亮，电饭锅通电升温。当温度上升到居里温度时，磁钢限温器开关 S1 动作，将电源切断。若需自动保温，可在开始煮饭时把保温开关 S3 也同时按下，靠双金属片恒温器开关 S2 自动通断，达到保温的目的。

应用与拓展

普通自动保温式电饭锅虽然在价格方面能体现它的优势之外，其他方面就很难满足人们对现代高品质生活的需求。微型计算机或计算机控制的智能电饭锅更符合现代人的要求，它能以更合理的方式进行加热，精确地调节火候，达到最佳的工作效果。其外形如图 3-9 所示。

计算机控制式电饭锅的核心是计算机芯片，又称单片机或 CPU，其类型较多，各个品牌的电饭锅选用的 CPU 有所不同，但是，用于电饭锅中的控制程序是相同的。在 CPU 内部固化了煮饭必需的程序，整个程序包括吸水、加热煮饭、维持沸腾、再加热、焖饭、保温等六个过程。

图 3-9　计算机控制式
电饭锅

任务 **二**

认识电冰箱温度自动控制单元

📺 演示与观察

电冰箱是利用电能在箱体内形成低温环境，用于冷藏冷冻各种食品和其他物品的家用电器设备。它的主要任务就是控制压缩机、化霜加热等来保持箱内食品的最佳温度，达到食品保鲜的目的，即保证所储存的食品在经过冷冻或冷藏之后，保持色、味、水分、营养基本不变。随着生活水平的提高以及科技的发展，电冰箱已经成为每个家庭必备的家用电器。其外形如图3-10所示。

图3-10　电冰箱外形

🔄 解释与学习

一、传统机械式直冷式电冰箱温度控制单元

机械式直冷式电冰箱，是利用电冰箱内空气自然对流的方式来冷却食品的。因为蒸发器常常安装在冰箱上部，蒸发器周围的空气要与蒸发器产生热交换，空气把热量传递给蒸发器，蒸发器把冷量传递给空气；空气吸收冷量后，温度下降，密度增大，向下运动；冰箱内下部的空气要与被冷却食品产生热交换，食品把热量传递给空气，空气得到热量后，温度回升，密度减少，又上升到蒸发器周围，把热量传递给蒸发器。冷热空气就这样循环往复地自然对流从而达到制冷的目的。机械式直冷式电冰箱外形如图3-11所示。

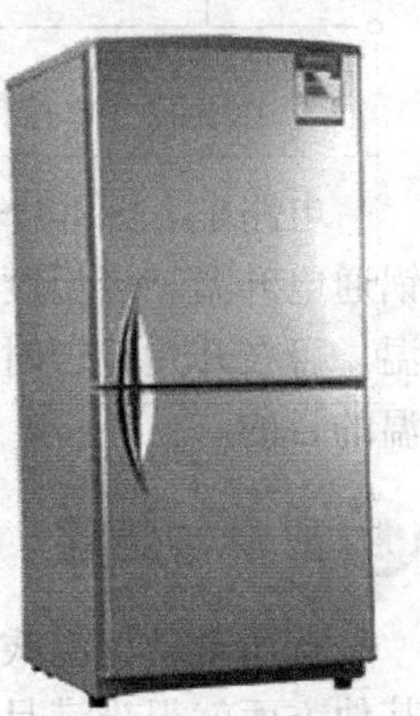

图3-11　机械式直冷式
电冰箱外形

传统的机械式直冷式电冰箱的控制原理是根据蒸发器的温度，控制制冷压缩机的启、停，使电冰箱内的温度保持在设定温度范围内。冷冻室用于冷冻食品，通常用于冷冻的温度范围为 $-15 \sim -3℃$；冷藏室用于相对于冷冻室较高的温度下存放食品，要求有一定的保鲜作用，不能冻伤食品，温度范围一般为 $0 \sim 10℃$。当测得冷冻室温度高至 $-3 \sim 0℃$ 时或者是冷藏室温度高至 $10 \sim 13℃$ 时启动压缩机制冷，当冷冻室温度低于 $-15 \sim -18℃$ 或者冷藏室温度低于 $-3 \sim 0℃$ 时，关闭压缩机停止制冷。

传统电冰箱的冷藏室温控器旋钮一般有七个数字，如图3-12所示。这些数字并不表示电冰箱内具体的温度值，而是表示所控制的温度挡位。数字越小，电冰箱内温度越高。随着人们生活水平的提高，对电冰箱的控制功能要求越来越高，这对电冰箱控制器提出了更高的要求，传统电冰箱的温控器也就无法满足人们的需求了。因此，能够实现精确控制温度、方便的设定

和修改并且能够实时显示当前温度是非常重要的。随着技术的发展，目前有些电冰箱采用了单片机进行控制，可以使电冰箱的控制更准确、灵活、直观。

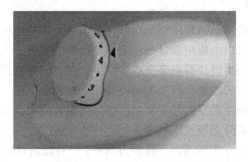

图 3-12　冷藏室温控器旋钮

二、智能电冰箱温度控制单元

1. 结构组成

智能电冰箱温度控制单元由传感器（霜厚传感器、冷藏室温度传感器、冷冻室温度传感器）、微控单元单片机、压缩机、电加热丝、LED 显示器、语音输出等组成。其外形如图 3-13 所示。其中传感器是整个硬件中最重要的组成部分，是温度控制单元是否成功的关键；微控单元是系统的软件部分，控制整个温度控制单元的运行，是温度控制单元是否正常工作的保证。

2. 控制原理

智能电冰箱温度控制单元的工作原理：传感器（霜厚传感器、冷藏室温度传感器、冷冻室温度传感器）随时处于待工作状态。当霜的厚度达到 3 mm 时，霜厚传感器就会感应到，将产生模拟信号，并将产生的模拟信号传送到 A/D 转换器；A/D 转换器接收到模拟信号后将其转换为数字信号，并将数字信号输送到单片机；

图 3-13　智能电冰箱外形

单片机接收到数字信号后，对其进行分析、判断、处理，给出除霜命令。智能电冰箱的电加热丝工作对蒸发器短时升温，霜的厚度逐渐改变，当霜的厚度调整到规定值时，除霜命令自动解除，一个工作过程就结束了。霜厚传感器接着等待进入下一个工作过程。

当冷藏室的温度低于 2℃ 或高于 10℃ 时，冷藏室温度传感器就会感应到，将产生模拟信号，并将产生的模拟信号传送到 A/D 转换器；A/D 转换器接收到模拟信号后将其转换为数字信号，并将数字信号输送到单片机；单片机接收到数字信号后，对其进行分析、判断、处理，给出调整冷藏室温度的命令。智能电冰箱温度控制单元工作后，冷藏室内的温度逐渐改变，当冷藏室内的温度调整到规定范围时，调整冷藏室温度的命令自动解除，一个工作过程就算是这样完成了。冷藏室传感器接着等待进入下一个工作过程。

当冷冻室的温度低于 −26℃ 或高于 −16℃ 时，冷冻室温度传感器就会感应到，将产生模拟信号，并将产生的模拟信号传送到 A/D 转换器；A/D 转换器接收到模拟信号后将其转换为数字信号，并将数字信号输送到单片机；单片机接收到数字信号后，对其进行分析、判断、处理，给出调整冷冻室温度命令。智能电冰箱控制温度控制单元工作后，冷冻室内的温度逐渐改变，当冷冻室内的温度调整到规定范围时，调整冷冻室温度的命令自动解除，一个工作过程就算是这样完成了。冷冻室传感器接着等待进入下一个工作过程。

三、电冰箱温控器

电冰箱温控器是一种能自动控制压缩机启停，从而调整维持电冰箱冷藏室、冷冻室内温度在两个特定值之间，并且可以由使用者自行设定温度范围的装置。大多数电冰箱温控器按安装部位可分为三大类型：第一类温控器安装在冷藏室中，控制压缩机启停，通过测量调节冷藏室内的温度来间接调节冷冻室的温度；第二类温控器安装在冷冻室中，通过控制压缩机启停来测量调节冷冻室中的温度，而冷藏室内温度则由温感风门温控器来调节；第三类温控器分别安装在冷冻室和冷藏室中，用来分别控制压缩机。

电冰箱温控器按照控制方式不同，一般分为两种：一种是由被冷却对象的温度变化来进行控制，多采用蒸气压力式温控器；另一种由被冷却对象的温差变化来进行控制，多采用电子式温控器。所以，电冰箱温控器可分为机械式和电子式两种。

1. 机械式温控器

机械式温控器分为蒸气压力式温控器、液体膨胀式温控器、气体吸附式温控器、金属膨胀式温控器。其中蒸气压力式温控器又分为充气型、液气混合型和充液型三种类型。电冰箱机械式温控器都以蒸气压力式温控器为主，其结构由波纹管、感温包（测试管）、偏心轮、微动开关等组成一个密封的感应系统和一个转送信号动力的系统，蒸气压力式温控器外形如图3-14所示。

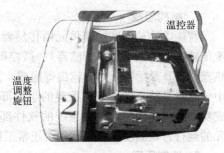

图3-14 蒸气压力式
温控器外形

蒸气压力式温控器的工作原理：波纹管的动作作用于弹簧，弹簧的弹力是由控制板上的旋钮所控制的，毛细管放在电冰箱冷藏室，对室内循环回风的温度起反应。当电冰箱内温度升高时，毛细管和波纹管中的感温剂气体膨胀，使波纹管伸长并克服弹簧的弹力把开关触点接通，此时压缩机运转，电冰箱制冷，直到又降至设定的温度时，感温包气体收缩，波纹管收缩与弹簧一起动作，将开关置于断开位置，使压缩机的电动机电路切断。如此循环动作，从而达到控制温度的目的。蒸气压力式温控器常用于电冰箱、冷柜、窗式空调、汽车空调的温度控制。

2. 电子式温控器

电子式温控器分为电阻式温控器和热电偶式温控器，电阻式温控器是采用电阻器感温的方法来测量的，一般采用白金丝、铜丝、钨丝以及半导体（热敏电阻器等）作为测温电阻器。在空调、电热水器、自动保温电饭锅、电冰箱等家用电器中，常用热敏电阻器实现温度控制。图3-15所示为NTC热敏电阻器（负温度系数热敏电阻器）外形。

图3-15 NTC热敏电阻器外形

图3-16所示为负温度系数热敏电阻器在电冰箱温度控制中的应用。

当电冰箱接通电源时，由电阻器R_4和R_5分压后给差分放大器A_1的同相端提供一固定基准电压U_{i1}，由温度调节电位器R_P输出一设定温度电压U_{i3}给差分放大器A_2的反相输入端，这样就由A_1组成开机检测电路，由A_2组成关机检测电路。

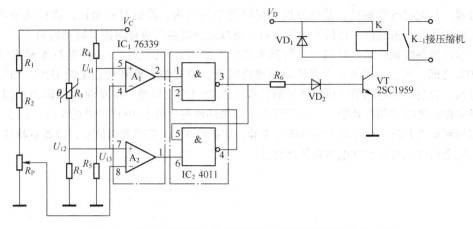

图 3-16 负温度系数热敏电阻器在电冰箱温度控制中的应用

当电冰箱内的温度高于设定温度时，由于温度传感器 R_t（热敏电阻器）和 R_3 的分压 $U_{i2} > U_{i1}$、$U_{i2} > U_{i3}$，所以 A_1 输出低电平，而 A_2 输出高电平。由集成电路 IC_2 中两个与非门组成的 RS 触发器的输出端输出高电平，使晶体管 VT 导通，继电器 K 工作，其动合触点闭合，接通压缩机电动机电路，压缩机开始工作。

当压缩机工作一定时间后，电冰箱内的温度下降，到达设定温度时，温度传感器阻值增大，使 A_1 的反相输入端和 A_2 的同相输入端电位 U_{i2} 下降，$U_{i2} < U_{i1}$、$U_{i2} < U_{i3}$，A_1 的输出端变为高电平，而 A_2 的输出端变为低电平，RS 触发器的工作状态发生变化，其输出为低电平，而使 VT 截止，继电器 K 停止工作，触点 K_{-1} 被释放，压缩机停止工作。

若电冰箱停止制冷一段时间后，电冰箱内的温度慢慢升高，此时开机检测电路 A_1、关机检测电路 A_2 及 RS 触发器又翻转一次，使压缩机重新开始制冷。这样周而复始的工作，达到控制电冰箱内温度的目的。

应用与拓展

电冰箱的温度控制可以通过机械控温、电子控温和计算机控温来实现。机械控温是最简单的一种方式，能保证食物不变质，但操作较麻烦，需按照气候变化，进行调节；电子控温利用感温头控制箱内温度，控制灵敏、温度精确，但控制系统没有综合能力，不具备人工智能；计算机控温整个系统由计算机控制，温度稳定精确，带电磁阀的电冰箱有双循环回路，单独控制冷冻、冷藏温度，也可单独关闭冷藏室，当电冰箱出现故障时可以自动显示出来。图 3-17 所示为计算机控温电冰箱的显示屏。

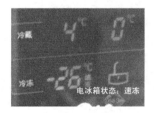

图 3-17　计算机控温电冰箱的显示屏

机械式温控电冰箱在使用过程中，其工作时间和耗电受环境温度影响很大，因此需要人们在不同的季节选择不同的挡位来使用。

夏季环境温度高时，挡位应拨在弱挡（2～3 挡）使用。原因是：在夏季，环境温度高，而此时箱内温度每下降 1℃ 都很困难，通过箱体保温层和门封冷量散失也会加快，这样就会出现开机时间很长而停机时间很短。这样就会导致压缩机在高温下长时间运行，加剧了活塞与气缸的磨损，电动机线圈漆包线的绝缘性能也会因高温而降低，耗电量也会急剧上升，即不经济又不合理。若此时改在弱挡，就会发现开机时间明显变短，停机时间加长，这样既节约了电能，又减少了压缩机磨损，延长了使用寿命，所以夏季高温时应将温控器调到弱挡。

冬季环境温度低时，一般挡位要打到 4 挡以上使用。原因是：冷藏温度技术要求控制在 $0 \sim 10^\circ\text{C}$ 之间，而一般在冬季冷藏环境温度比较低，冷藏很容易到达设定的温度，如果设定温度过高，容易产生电冰箱开机时间短而导致冷冻的制冷效果差。冬季将挡位调到 4 挡以上，主要是要保证冷冻的制冷效果。一般情况下，如果环境温度低于 16°C，调到 5 挡，低于 10°C，就可以调到 6 或 7 挡。有时由于环境温度太低，如 $0 \sim 5^\circ\text{C}$，把挡位调低后，冷藏室物品会冻，这时，完全可以把食品放在电冰箱外部存放。

演示与观察

加热炉是将物料或工件加热的设备。按热源划分有燃料加热炉、电阻加热炉、感应加热炉、微波加热炉等，应用遍及石油、化工、冶金、机械、热处理、表面处理、建材、电子、材料、轻工、日化、制药等诸多领域。图3-18所示为轧钢加热炉外形。

图3-18　轧钢加热炉外形

解释与学习

加热炉加热是轧钢重要的工序，在轧钢生产中占有十分重要的地位。它的任务是按轧机节奏将钢坯加热到轧钢工艺要求的温度，并且在保证优质、高产的前提下，尽可能地降低燃料消耗、减少加热缺陷。随着轧钢生产的大型化、连续化，轧钢工艺技术、设备的发展与产品品种增加、质量升级，以及对加热炉高产、优质、低消耗的要求不断提高，加热炉的温度控制越来越受到轧钢生产管理者的高度重视。

一、加热炉温度自动控制单元的任务

在保证经济性和炉膛压力稳定的情况下，加热炉温度自动控制单元的任务是原料出口处原料温度达到下一流程的要求。炉出口温度稳定的工作过程是：燃料量的变化首先引起炉膛温度的变化，由于炉膛温度发生变化，进而引起炉出口温度的变化，温度调节器对被控参数精确控制与温度调节器对来自燃料干扰的及时控制相结合，先根据炉膛温度的变化，改变燃料量，快速消除来自燃料的干扰对炉膛温度的影响；然后再根据原料出口温度与设定值的偏差，改变炉膛温度调节器的设定值，进一步调节燃料量，使原料出口温度恒定，使终轧温度保持在850℃。

二、加热炉温度自动控制单元的结构组成

1. 加热炉的一般结构

目前，钢铁企业轧钢系统采用的加热炉一般为两段式或三段式加热炉，钢坯在炉内的运动形式一般为步进式或推钢式，下面就对这几种形式的加热炉进行简要的介绍。

(1) 两段式加热炉。两段式加热炉的炉温沿路长分为加热段和预热段两部分，按加热方式又可分为单面加热和双面加热两种炉型。一般当坯料厚度大于100 mm就采用双面加热。在两段式加热炉的加热过程中，为保证产量，通常加大加热段炉温设定点，这就使出炉钢坯表面和中心存在较大的温差，严重时影响正常轧制。所以，两段式加热炉在实际使用中产量会受到一定限制。

(2) 三段式加热炉。三段式加热炉是目前钢铁企业各轧钢厂加热炉普遍使用的一种炉型。它分为预热段、加热段和均热段，相对于两段式加热炉它增加了均热段。该类型加热炉加热段的炉温一般比两段式高出50～100℃，在进入均热段时钢坯表面温度已达到或高出出钢温度，在均热段钢坯断面温度逐步均匀，并在一定程度上消除"黑印"，三段式加热炉非常有利于轧机产量的提高。

(3) 步进式加热炉。步进式加热炉依靠步进梁的顺序，往复运动使被加热钢坯从炉尾移动到出料端，中间经过各加热段，最终使钢坯达到规定的温度后出炉。由于钢坯在加热炉内前、后、上、下均匀受热，所以加热效果良好。加热后，钢坯断面受热均匀，钢坯表面不产生"黑印"、不"粘钢"，工人操作方便，所以目前加热炉内钢坯的运动形式大部分采用"步进式"。

(4) 推钢式加热炉。推钢式加热炉是将钢坯用推钢机从炉尾推入加热炉内，靠推力使钢坯在炉内移动的一种加热炉。推钢式加热炉具有炉内钢坯排列紧密、生产率高的特点，但它对加热控制要求较严格，对操作工人的经验要求较高，容易出现"过烧"、"粘钢"等现象。目前在棒线材生产中已逐渐被"步进式"加热炉取代。

2. 加热炉温度自动控制单元的结构

加热炉温度自动控制单元的结构如图3-19所示，该单元主要由调节对象（加热炉）、检测元件（测温仪表）、变送器、PID调节器和执行器等五个部分组成。其中显示器是可选接次要元件，故用虚线表示；θ为物料出口温度，Q_g为燃料流量；PID调节器由比例单元（P）、积分

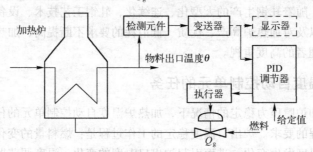

图3-19 加热炉温度自动控制单元的结构

单元（I）和微分单元（D）组成，适用于需要进行高精度测量控制的系统，可根据被控对象自动演算出最佳 PID 控制参数。图中箭头方向为信号流动方向，温度信号由检测元件进入控制单元，经过一系列元件和运算后，由执行器改变燃料流量，进而实现温度控制。

三、加热炉温度自动控制单元的工作原理

以三段式加热炉为例来分析炉温控制原理。三段式加热炉沿路长分为预热段、加热段和均热段。预热段不布置烧嘴。钢坯进入加热炉后，首先利用加热段和均热段排出的高温烟气并缓慢加热钢坯，这是考虑到钢坯加热速度在塑性范围外不能太大，这样钢坯开始升温速度不大，温度应力小，不会造成裂纹或断裂。钢坯运行到加热段时，钢坯中心温度已超过 500℃，进入塑性范围。此时快速加热钢坯表面，温度迅速上升到炉温度，当钢坯进入均热段时表面温度不再升高，各断面温差逐步缩小达到均热。控制单元通过温度检测元件不断地读取物料出口温度，经过变送器转换后接入调节器，调节器将给定温度与测得的温度进行比较得出偏差值，然后经 PID 算法给出输出信号，执行器接收调节器发来的信号后，根据信号调节阀门开度，进而控制燃料流量，改变物料出口温度，实现对物料出口温度的控制。这样，钢坯经过预热、加热、均热三个过程就被加热成温度适宜、温差较小、可供轧制的钢坯。

四、加热炉温度自动控制单元中的温度检测变送器

1. 热电偶温度检测元件

热电偶作为温度传感元件，能将温度信号转换成电信号，配以测量电压的指示仪表或变送器可以实现温度的测量指示或温度信号的转换。热电偶由于构造简单、适用温度范围广、使用方便、承受热及机械冲击能力强、响应速度快等特点，常用于工业中高温区域的温度测量，一般用于 500℃ 以上的高温，可以在 1 600℃ 高温下长期使用。但其灵敏度较低，容易受到环境干扰信号的影响，也容易受到前置放大器温度漂移的影响，因此不适合测量微小的温度变化。刀刃式铠装热电偶外形如图 3-20 所示。

刀刃式铠装热电偶是用于测量加热炉管和烟道管表面温度的仪表，广泛应用于炼油、电力、冶金、化纤、食品等加热炉炉管表面高温场合的温度测量。

2. 热电阻温度检测元件

热电阻是中低温区最常用的一种温度检测元件。热电阻的测温原理是基于导体或半导体的电阻值随着温度的变化而变化的特性来进行温度测量的。它的主要特点是测量精度高，性能稳定。其中铂热电阻的测量精确度是最高的，它不仅广泛应用于工业测温，而且被制成标准的基准仪。从热电阻的测温原理可知，被测温度的变化是直接通过热电阻阻值的变化来测量的，因此，热电阻体的引出线等各种导线电阻的变化都会给温度测量带来影响。为消除引线电阻的影响，一般采用三线制或四线制。热电阻测温系统一般由热电阻、连接导线和显示仪表等组成。热电阻外形如图 3-21 所示。

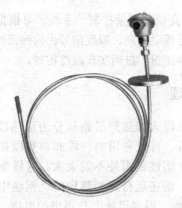

图 3-20 刀刃式铠装热电偶外形　　　　　　图 3-21 热电阻外形

3. 温度变送器

温度变送器是一种将热电阻或热电偶测量的温度信号放大，并转换成输出电流或输出电压的转换装置，图 3-22 所示为 Pt100 热电阻温度变送器外形。

Pt100（铂热电阻，Pt 后的 100 表示它在 0℃时阻值为 100 Ω）热电阻温度变送器是一种将热电阻信号经全隔离放大转换成与温度成正比的标准直流信号，从而实现对被测温度信号精确测量的仪器。Pt100 热电阻温度变送器输入、输出、电源三方完全隔离，抗干扰能力强，远传不受其他设备影响。输入、输出选择范围宽，准确度高，电源可选择，导轨安装便于检测与维护，广泛应用在石油、化工、电力、仪器仪表和工业控制等行业对温度进行测量的监控系统中。

图 3-22 Pt100 热电阻
温度变送器外形

应用与拓展

加热炉的温度自动控制在冶金、机械、化工等领域中得到了广泛的应用。在钢铁工业中大多数情况下都是使用热电偶进行温度测量，然而，在一些应用中接触式测量是不可行的，因为存在正在运动着的固态钢或者是其环境不适宜接触式探头的使用，在这些特殊的应用场合可采用高温摄像测温仪进行图像测温。图 3-23 所示为高温摄像测温仪外形。

图 3-23 高温摄像测温仪外形

远距离摄像和非接触式测温能较好地结合起来应用在一些钢铁工艺中，例如加热炉和滚轧机中。高温摄像测温仪因为其将特有的视频成像与红外测温进行灵活结合从而为优化监视和测温功能提供了极好的工具。这种结合为那些以前还没有使用摄像机的钢厂开辟了新途径，尤其使得对加热炉等设备维修更加容易。

单 元 小 结

本单元重点学习了几种温度自动控制单元的结构组成、功能、工作原理。

（1）家用电饭锅可通过磁钢限温器和保温器实现温度的自动控制。

（2）电冰箱自动温度控制可以通过机械控温、电子控温和计算机控温等方式实现冷藏室和冷冻室自动温度调节控制。

（3）在加热炉工作过程中，利用温度检测元件（主要是热电偶）检测炉的温度，利用温度变送器将电压输送给 PID 调节器，由 PID 调节器对数据进行处理，将执行数据输送给执行器，控制燃料流量，从而实现温度的自动控制。加热炉的温度自动控制在冶金、机械、化工等领域中得到了广泛的应用。

习 题

1. 磁钢限温器的结构是怎样的？在电路中起什么作用？

2. 叙述电饭锅在煮饭过程中，保温开关是如何工作的？

3. 某一电饭锅，内部电路如图 3-24 所示。R_1是加热电阻器，阻值为 48.4 Ω；R_2是限流电阻器，阻值为 484 Ω。煮饭时，接通电源（220 V，50 Hz），闭合手动开关 S1，电饭锅处在加热状态。当锅内食物温度达到 103℃时，开关 S1 会自动断开，断开后若无外力作用则不会自动闭合。S2 是一个自动温控开关，当锅内食物温度达到 80℃时会自动断开，温度低于 70℃时会自动闭合。问：

（1）若接通电源后没有闭合开关 S1，那么电饭锅能将饭煮熟吗？为什么？

（2）在一个标准大气压下若用这种电饭锅烧水，则开关 S1 的自动断电功能不起作用，这是为什么呢？

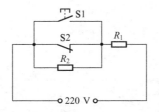

图 3-24　某电饭锅的电路原理图

4. 电冰箱的温度控制方式有几种？

5. 热敏电阻器可用于哪些设备的温度控制？

6. 叙述加热炉温度自动控制的原理。

单元四
液位自动控制单元

液位自动控制是以液位为被控参数，一般是指对某控制对象的液位自动进行控制调节，以达到所要求的控制精度。液位控制技术在现实生活、生产中发挥了重要作用，如民用水塔的供水，如果水位太低，则会影响居民的生活用水；工矿企业的排水与进水，排水或进水的控制得当与否，关系到车间的生产状况。通过本单元的学习，将能够：

(1) 了解几种液位自动控制单元的组成、功能、工作原理。

(2) 熟知液位自动控制在实际生产和生活中的典型应用。

认识水塔水位自动控制单元

📽 **演示与观察**

在工农业生产过程中，经常需要对水位进行测量和控制。水位控制在日常生活中应用也相当广泛，如水塔、地下水、水电站等情况下的水位控制。水塔水位自动控制单元可依据用水量的变化自动调节单元的运行参数，保持水压恒定以满足用水要求，从而提高了供水的质量。供水水塔外形如图4-1所示。

图4-1　供水水塔外形

🔄 **解释与学习**

下面介绍接触器－继电器控制和PLC控制两种类型的水塔水位控制单元。

一、接触器－继电器控制水塔水位自动控制单元

1. 控制要求与原理

水塔水位的自动控制，就是要在无人操作的情况下，供水系统在水塔水位低于某一下限位置时，电气控制设备能自动起动水泵电动机，不断地向水塔送水，直到水位升到某一上限位置时，电气控制设备能自行关断水泵电动机。图4-2为水塔水位检测示意图。

图中1为浮球，2为撞块，SQ1、SQ2为行程开关，浮球与撞块相连，水位上升或下降时，浮球也会随之上升或下降。水塔水位自动控制单元采用交流电压检测水位，水位低于下限水位时，水泵抽水，水位达到最高水位线时，水泵停止抽水，水位降低到最低水位线以下时，恢复运行抽水，从而实现自动控制。

2. 电气原理图

图4-3为水塔水位自动控制的电气原理图。

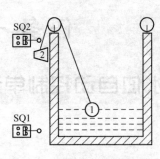

图 4-2　水塔水位检测示意图

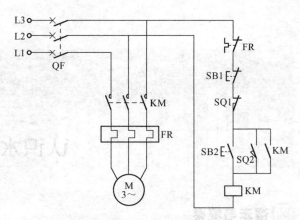

图 4-3　水塔水位自动控制电气原理图

原理图中的 M 是水泵电动机（三相笼形异步电动机），它通过 KM 的三对动合主触点的通、断来启动、停止。KM 是交流接触器，其触点的闭合、断开受接触器的电磁线圈控制，原理图的右侧是接触器 KM 线圈的控制电路，从图中可知，只要把控制电路中的回路接通，使 KM 线圈与电源接通，接触器就动作，动合主触点闭合使电动机运行；同样，控制回路断开，接触器线圈断电就会使电动机停止。

根据水塔控制要求，应在低水位的下限，启动电动机，浮球 1 在下限位置时，撞块 2 碰撞行程开关 SQ2，使行程开关 SQ2 受压，SQ2 的一对动合触点接通，这就使控制电路中的接触器 KM 得电动作，主电路中 KM 三对动合主触点闭合，电动机 M 启动运行。随着水泵的工作，水塔中水位逐渐上升，浮球上升又使撞块向下离开行程开关 SQ2，但与 SQ2 并联的一对 KM 的动合辅助触点已闭合自锁，电动机继续运行。

当水位上升到上限位置时，随着浮球的上升和撞块的下降而使 SQ1 受压动作，其动断触点断开，从而切断 KM 的线圈回路，随着 KM 的失电而使水泵电动机停止。当供水系统使水位下降时，撞块上升又会使 SQ1 复位，这时线圈 KM 并不会得电。只有在水位下降到下限水位时才会再次启动电动机。

二、PLC 控制水塔水位自动控制单元

1. 控制要求

PLC 控制水塔水位自动控制单元由检测单元（由水位检测传感器组成）、电气控制单元和 PLC 控制单元组成。图 4-4 所示为 PLC 控制水塔水位检测示意图。

图中 S1、S2、S3、S4 为水塔上、下限液位开关，其控制要求如下：

（1）保持水池的水位在 S1 ～ S2 之间，当水池水位低于下限液位开关 S1 时，S1 为 ON，电磁阀打开，开始往水池里注水，经过一段时间后，若水池水位没有超过水池下限液位开关 S1 时，则系统发出警报；若系统正常运行，此时水池下限液位开关 S1 为 OFF，表示水位高于下限水位。当液面高于上限水位 S2 时，则 S2 为 ON，电磁阀关闭。

（2）保持水塔的水位在 S3 ～ S4 之间，当水塔水位低于水塔下限液位开关 S3 时，则水塔下限液位开关 S3 为 ON，则驱动电动机 M 开始工作，向水塔供水。当 S3 为 OFF 时，表示水塔水位高于水塔下限水位。当水塔液面高于水池上限液位开关 S4 时，则 S4 为 ON，电动机 M 停止抽水。

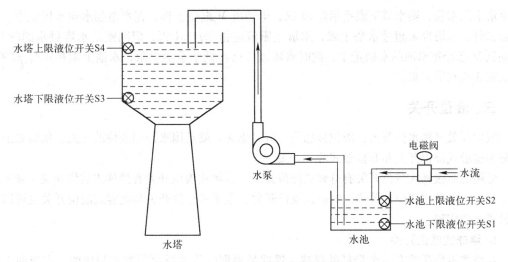

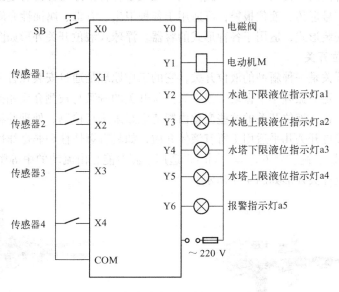

水塔上限液位开关S4

水塔下限液位开关S3

电磁阀

水流

水泵

水池上限液位开关S2

水池下限液位开关S1

水塔

水池

图 4-4 PLC 控制水塔水位检测示意图

当水塔水位低于下限水位时，同时水池水位也低于下限水位时，电动机 M 不能启动。

2. 工作过程

图 4-5 为水塔水位自动控制的 PLC 接线图。

SB — X0 — Y0 — 电磁阀

传感器1 — X1 — Y1 — 电动机M

传感器2 — X2 — Y2 — 水池下限液位指示灯a1

传感器3 — X3 — Y3 — 水池上限液位指示灯a2

Y4 — 水塔下限液位指示灯a3

Y5 — 水塔上限液位指示灯a4

传感器4 — X4 — Y6 — 报警指示灯a5

COM — ~ 220 V

图 4-5 水塔水位自动控制的 PLC 接线图

水塔水位自动控制的工作过程：设水塔、水池初始状态都为空着的，四个液位指示灯全亮。当执行程序扫描到水池液位低于水池下限液位时，电磁阀打开，开始往水池里进水，如果进水超过规定时间，而水池液位没有超过水池下限液位，说明系统出现故障，系统就会自动报警。若规定时间只有水池液位按预定的超过水池下限液位，说明系统工作正常，水池下限液位指示灯 a1 灭。此时，水池的液位已经超过了下限液位了，系统检测到此信号时，由于水塔液位低于水塔下限液位，电动机 M 开始工作，向水塔供水，当水池的液位超过水池上限液位时，水池上限液位指示灯 a2 亮，电磁阀关闭，但是水塔现在还没有装满，可此时水塔液位已经超过水塔下限水位，则水塔下限指示灯 a3 灭，电动机 M 继续工作，在水池抽水向水塔供水，水塔抽满时，水塔也未超过水塔上限，水塔上限液位指示灯 a4 灭，但刚刚给水塔供水的时候，电动机 M 已经把水池的水抽走了，此时水塔液位已经低于水池上限，水池上限指示灯 a2 亮。此次完成给水塔供水。

三、液位开关

液位开关又称水位开关，液位传感器。顾名思义，就是用来控制液位的开关。从形式上主要分为接触式液位开关和非接触式液位开关。

常用的非接触式液位开关有电容式液位开关，接触式液位开关有浮球式液位开关、音叉式液位开关、电导式液位开关等。电极式液位开关、电子式液位开关和电容式液位开关也可以用接触式方法实现。

1. 浮球式液位开关

浮球式液位开关有一个带杆的浮球，浮球是根据液体的浮力而配套制作的，当液面上涨时，浮球也相应上涨；当液面下降时，浮球也相应下降。当上涨或下降到设定的位置时，浮球就会碰到在设定位置的开关，从而使开关发出电信号，而电控设备在接到电信号时会马上动作，切断或接通电源，形成自动控制系统。常用的方法是在浮球里装磁铁，浮球运行到干簧管的位置时使干簧管内的开关动作。浮球式液位开关用于各种中小型常压和受压储液罐的液位检测、现场指示、信号远传、液位报警，可适用于各种卫生、有毒、腐蚀性介质及爆炸性气体的场所。它有多种安装形式，适用于各种形式的容器。浮球式液位开关外形如图 4-6 所示。

2. 音叉式液位开关

音叉式液位开关是一种新型的液位开关，它的工作原理是通过安装在音叉基座上的一对压电晶体使音叉在一定共振频率下振动。当音叉液位开关的音叉与被测介质相接触时，音叉的频率和振幅将改变，音叉液位开关的这些变化由智能电路来进行检测、处理并将其转换为一个开关信号。音叉式液位开关几乎适用于所有液体介质，如具有爆炸性和非爆炸性危险的液体、腐蚀性液体（酸、碱）、高黏度液体等。同时也适用于测量能自由流动的中等密度的固体粉末或颗粒。音叉式液位开关外形如图 4-7 所示。

图 4-6 浮球式液位开关外形

图 4-7 音叉式液位开关外形

3. 电子式液位开关

电子式液位开关的原理是通过电子探头对水位进行检测，再由水位检测专用芯片对检测到的信号进行处理，当判断到有水时，芯片输出高电平 24 V 或 5 V 等；当判断到无水时，芯片输出低电平 0 V。高低电平的信号通过 PLC 或其他控制电路来读取，并驱动水泵等用电器工作。电子式液位开关适用于清水、各种污水、酸碱水、海水、水处理药剂、河涌水、纺织印染水、工业废水等液体的水位检测。电子式液位开关外形如图 4-8 所示。

4. 电容式液位开关

电容式液位开关是通过检测液位变化时所引起的微小电容量（常为 pF 级）差值变化，并由专用的电容检测芯片进行信号处理，从而检测出液位，并输出信号到输出端。电容式液位开关广泛适用于石油、化工、电力、冶金、机械、食品、制药、饲料等行业。电容式液位开关外形如图 4-9 所示。

图 4-8　电子式液位开关外形　　　　　图4-9　电容式液位开关外形

5. 光电式液位开关

光电式液位开关是一种结构简单、使用方便、安全可靠的液位开关。它使用红外线探测，利用光线的折射及反射原理进行液位检测。当被测液体处于高位时，则被测液体与光电开关形成一种分界面；当被测液体处于低位时，则空气与光电开关形成另一种分界面，这两种分界面使光电开关内部光接收晶体所接收的反射光强度不同，即对应两种不同的开关状态。光电式液位开关在净水/污水处理、造纸、印刷、发电机设备、石油化工、食品、饮料 、电工、染料工业、油压机械等方面都得到了广泛的应用。光电式液位开关外形如图 4-10 所示。

6. 超声波式液位开关

超声波式液位开关是利用超声波在传输过程中速度与时间的关系进行测量的。超声波式液位开关有单探头和双探头两种形式。单探头超声波式液位开关其探头既要发射超声波，又要接收超声波；双探头超声波式液位开关的其中一个探头用来发射，另一探头用来接收。超声波式液位开关既可以安装在测量介质中，又可以安装在测量介质外面。超声波式液位开关适应于绝大部分的液体，包括具有轻度结层的液体、二甲苯、汽油、柴油等危险场合。超声波式液位开关外形如图 4-11 所示。

图 4-10　光电式液位开关外形　　　　图 4-11　超声波式液位开关外形

应用与拓展

水塔水位自动控制特别适用于乡镇企业的小型化工厂、电镀厂、砖瓦厂等用水量大的企业和农村水塔的供水。图 4-12 所示为电子水塔水位控制装置。

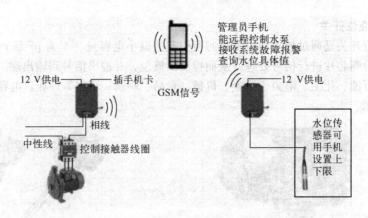

图 4-12　电子水塔水位控制装置

　　电子水塔水位控制装置可实现无线远距离控制水泵、水塔。该装置基于手机信号分布广泛，能够稳定工作。控制装置采用 12 V 供电，在山区送电不便的情况下可配置太阳能电池板给控制装置供电。安装简单，无需布线，操作简单，发 SMS（短消息服务的英文缩写，是一种使用移动设备可以发送和接收文本信息的技术）便可远程控制水泵启停，发 SMS 便可查询水泵工作状态。水泵工作异常时给主人号码发送报警 SMS，保证供水系统稳定运转。

　　电子水塔水位控制装置的工作过程是：当水塔内水位低于用户设定的下限值时，控制器便启动水泵，给水塔供水。当水塔内水位高于用户设定的上限值时，控制器便停止水泵，停止给水塔供水。若水泵没有正常启动或停止，控制器便会给主人号码发送报警 SMS，例如"水泵工作异常，请到现场查看！"

任务 二

认识锅炉液位自动控制单元

演示与观察

锅炉是利用燃料或其他能源的热能，把水加热成为热水或蒸气的机械设备。锅炉包括锅和炉两大部分，锅炉产生的热水或蒸气可直接为生产和生活提供所需的热能，也可通过蒸气动力装置转换为机械能，或再通过发电机将机械能转换为电能。提供热水的锅炉称为热水锅炉，主要用于酒店、学校、宾馆、小区等企事业单位的采暖、洗浴和生活热水等，工业生产中也有少量应用；产生蒸气的锅炉称为蒸气锅炉，又称蒸气发生器，常简称锅炉，是蒸气动力装置的重要组成部分，多用于火电站、船舶、机车和工矿企业等。锅炉外形如图4-13所示。

图4-13　锅炉外形

解释与学习

锅炉液位控制单元是锅炉生产控制系统中最重要的环节。对锅炉生产操作如果不合理，管理不善，处理不当，往往会引起事故。这些事故中的大部分是由于锅炉水位控制不当引起的，可见锅炉液位控制在锅炉设备控制系统中的重要性。

下面介绍一种基于西门子S7-200系列可编程序控制器（PLC）构成的集中供热锅炉汽包液位自动保护控制单元。

一、锅炉液位控制单元的组成

1. 锅炉的组成

锅炉由"锅"和"炉"两大部分组成。"锅"是指汽水流动单元，包括锅筒（又称汽包，水管锅炉中用以进行汽水分离和烟汽净化，组成水循环回路并蓄存锅水的筒形压力容器）、集箱（锅炉工质混合、保证工质均匀加热的管件）、水冷壁以及对流受热面等，是换热设备的吸热部分；"炉"是指燃料燃烧空间及烟风流动单元，包括炉膛、对流烟道以及烟囱等，是换热设备的放热部分。

2. 锅炉液位控制单元的任务

汽包水位是影响锅炉安全运行的重要参数，如果水位过高，会破坏汽水分离装置的正常工作，严重时会导致蒸气带水增多，增加在管壁上的结垢和影响蒸气质量；如果水位过低，则会破坏水循环，引起水冷壁管的破裂，严重时会造成干锅，损坏汽包，所以锅炉汽包水位过高或过低都可能造成重大事故。在锅炉汽包水位控制单元中被控量是汽包水位，而调节量则是给水流量，通过对给水流量的调节，使汽包内部的物料达到动态平衡状态，从而使汽包水位的变化在允许范围之内，保证锅炉的安全运行。

3. 锅炉液位控制单元的组成

锅炉液位控制单元主要是对燃煤的锅炉汽包水位进行保护控制，根据水位的变化对进出水口阀门进行操作，利用 PLC 中所带有的 PID 调节器对汽包水位进行调节，再利用远程传输的功能，将监测水位的压力信号转换成标准信号传到监控主机上。一般把锅炉汽包水位分为高 I、II，低 I、II。高/低 I 为报警值，高/低 II 为停炉值。图 4-14 为锅炉液位检测示意图，图 4-15 为机组控制单元框图。

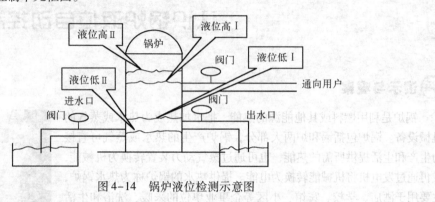

图 4-14　锅炉液位检测示意图

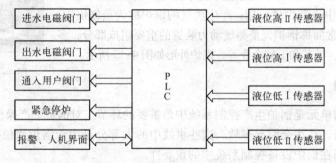

图 4-15　机组控制单元框图

二、锅炉液位控制单元的工作原理

该锅炉液位控制单元的工作原理是：采用液位传感器测量锅炉液位值，如果检测水位在低 II 以下或高 II 以上就显示紧急报警，并立刻停机；如果检测水位在低 I 位置以下，显示报警，并启动水泵对锅炉进行注水，当水位超过低 I 位置时，启动锅炉正常运行；接下来是点燃燃烧机和开启真空泵，给锅炉进行大火加热。如果检测水位在高 I 位置以上时，显示报警，并开动放水阀门进行放水，在低于高 I 位置时，锅炉加热正常运行；当注水达到锅炉设定的液位时，开启用户阀门，开始向用户输出热水用于供暖。同时，利用 PLC 中的 PID 调节器对汽包水位进行调节，自动控制，使它们维持在一个稳定值。

三、锅炉汽包液位计

随着我国经济的发展，石油、化工、冶金、电力、煤化、焦化、造纸、制药、钢铁等行业也在不断地增加和扩大，各种吨位的锅炉也相继投入使用，继而带动了锅炉汽包液位计的发展，市场上各种各样的汽包液位计相继诞生，目前主要有以下几种：

1. 锅炉汽包磁翻板液位计

锅炉汽包磁翻板液位计是根据浮力原理和磁性耦合作用研制而成的。当被测容器中的液位升降时，液位计本体管中的磁性浮子也随之升降，浮子内的永久磁钢通过磁耦合作用传递到磁翻柱指示器，驱动红、白翻柱转动，当液位上升时翻柱由白色转变为红色；当液位下降时翻柱由红色转变为白色。指示器的红白交界处即为容器内液位的实际高度，从而实现液位清晰的指示，锅炉汽包磁翻板液位计可用于各种塔、罐、槽、球形容器和锅炉等设备的介质液位检测。锅炉汽包磁翻板液位计外形如图 4-16 所示。

2. 锅炉汽包磁敏电子双色液位计

锅炉汽包磁敏电子双色液位计是新一代复合型液位计，它是根据浮力原理和磁性耦合作用原理工作。当被测容器中的液位升降时，液位计主导管中的浮子也随之升降，浮子内的永久磁钢通过磁耦合作用传递到现场显示盒内高精度电子感应元件，触发相应的数字电路，使 LED 双色发光管转换颜色，无液全红，满液全绿，红绿交界处就是容器内的实际液位，从而实现液位的现场指示。磁敏电子双色液位计加装限位开关可实现液位报警和控制，加装变送器可实现数字信号输出供显示与控制。磁敏电子双色液位计广泛应用于电力、冶金、石油、化工、环保、船舶、建筑等各行业生产过程中，各种塔、罐和锅炉设备的液位测量与控制。磁敏电子双色液位计外形如图 4-17 所示。

图 4-16 锅炉汽包磁翻板液位计外形

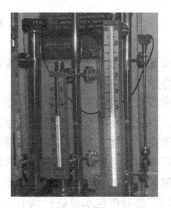
图 4-17 磁敏电子双色液位计外形

3. 智能锅炉汽包液位计

智能锅炉汽包液位计是基于电容测量原理的液位计。变送器利用液位变化与其对测量探极产生的电容变化之间的关系，通过专用模式系统软件将检测的电容变化经各种补偿计算后输出与物位成正比的 4 ～ 20 mA 标准电流信号。智能锅炉汽包液位计在运行过程中丝毫不受介电常数变化的影响，锅炉温度变化、蒸气干扰等因素对智能锅炉汽包液位计也没有任何影响，其测量精度达到千分之一以上，长期稳定性非常好，适用于各种规格的工业锅炉、汽包等压力容器的液位测控。智能锅炉汽包液位计外形如图 4-18 所示。

图 4-18 智能锅炉
汽包液位计外形

📖 应用与拓展

组态软件是近几年来在工业自动化领域兴起的一种新型的软件开发工具，开发人员通常不需要编制具体的指令和代码，只要利用组态软件包中的工具，通过硬件组态（硬件配置）、数据组态、图形图像组态等工作即可完成所需应用软件的开发工作。利用工控组态软件 MCGS 开发的锅炉液位监控系统，采用计算机采集、处理数据。根据 MCGS 的锅炉液位实时曲线输出，用滑动输入块改变参数的值，使单元输出稳定到设定值，从而提高了工作效率。图 4-19 为 MCGS 液位控制系统运行仿真图。

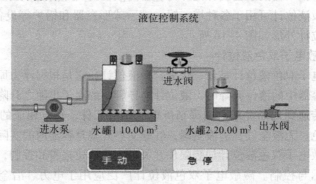

图 4-19　MCGS 液位控制系统运行仿真图

单 元 小 结

本单元重点学习了水塔水位自动控制和锅炉液位自动控制两种液位自动控制单元的组成、功能、工作原理和应用。

（1）水塔水位自动控制可采用传统的接触器－继电器控制和 PLC 控制，可通过液位开关检测液位。PLC 的性能要优于继电器控制装置，其优点是简单易懂、便于安装、体积小、能耗低、有故障指示、能重复使用等。水塔水位自动控制特别适用于乡镇企业的小型化工厂、电镀厂、砖瓦厂等用水量大的企业和农村水塔的供水。

（2）锅炉液位的自动控制是根据水位的变化对进出水口阀门进行操作，利用 PLC 中所带有的 PID 调节器对汽包水位进行调节，再利用远程传输的功能，将监测水位的压力信号转换成标准信号传到监控主机上。

习　　题

1. 试述 PLC 控制水塔水位自动控制的工作过程。

2. 常用的液位开关有哪些？它们的工作原理如何？

3. 如果让你改造大厦的污水井液位控制系统，你会选用什么类型的传感器？为什么？

4. 全自动洗衣机可以自动实现进水、洗涤等工序。洗衣机的进水是通过控制器来实现自动控制的。图 4-20 为一种洗衣机水位控制器的原理示意图，请叙述它的工作原理。

5. 锅炉液位控制单元应选用几个液位传感器，各起什么作用？

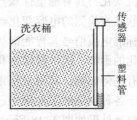

图 4-20　洗衣机水位控制器的原理示意图

单元五
液体流量自动控制单元

在实际生活和工业生产中，为了实现节约用水和保证生产过程的安全经济运行、提高产品质量、降低物质消耗，需要对液体的流量进行正确的测量和调节。液体流量的检测和控制在供水、化工、能源电力、冶金、石油等领域应用广泛。通过本单元的学习，将能够：

(1) 认识红外线控制自动水龙头的结构组成，熟悉它的工作原理。

(2) 认识变频恒压供水系统的结构组成，熟悉它的工作原理。

(3) 熟知液体流量自动控制在实际生产和生活中的应用。

任务 一

认识红外线控制自动水龙头

演示与观察

在麦当劳、肯德基用餐洗手时，客人只要将手放入水龙头下，水龙头就会自动放出自来水供使用者洗手，手离开后即停止出水。图5-1所示为自动开关水龙头。自动开关水龙头应用于各种场所中，如酒店、宾馆、医院等，方便了人们的生活，也节约了水资源。

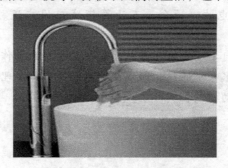

图5-1 自动开关水龙头

解释与学习

自动开关水龙头是利用红外线反射原理来工作的，因此自动开关水龙头又称红外线控制自动水龙头。与传统供水设施相比，红外线控制自动水龙头能够提高水资源的使用效率，使用方便，且由于不需要用手接触水龙头，避免了病菌的传播。

一、红外线控制自动水龙头的构成

红外线控制自动水龙头由红外发射电路、红外接收放大电路、控制电路、电磁阀、电源等组成，如图5-2所示。

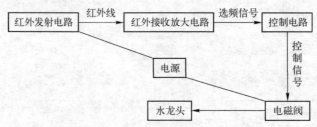

图5-2 红外线控制自动水龙头的构成

1. 红外发射电路和红外接收放大电路

红外发射电路的功能是：多谐振荡器驱动红外发光二极管工作，将红外信号调制发射出去。

红外接收放大电路的功能是：红外调制信号被红外接收光敏二极管接收并转换为电信号，再经集成运算放大电路放大。

红外发射和接收一般使用红外发光二极管和红外接收管（一般是光敏二极管）来完成，图5-3为红外发射接收原理图。

红外发光二极管和红外光敏二极管，它们两个都朝着一个方向，被封装在一个塑料外壳里。使用的时候，红外发光二极管点亮，发出一道人眼看不见的红外光。如果传感器的前方没有物体，那么这道红外光就会消散在宇宙空间；如果传感器前方有不透明的物体时，红外光就会被反射回来，照在红外发光二极管上也照在红外光敏二极管上。

2. 控制电路

红外光敏二极管接收到红外光时，其输出引脚的电阻值就会产生变化。控制电路可以根据红外光敏二极管的阻值变化，比较判断输出的信号来驱动晶体管，从而使电磁阀通电或断电，将水龙头打开或关闭。

3. 电磁阀

电磁阀是用来控制流体的元件，属于执行器。到目前为止，国内外的电磁阀从原理上分为直动式、先导式和分步直动式三大类，而从阀瓣结构和材料上的不同与原理上的区别又分为六小类，即直动膜片结构、分步重片结构、先导膜式结构、直动活塞结构、分步直动活塞结构、先导活塞结构。

（1）直动式电磁阀。直动式电磁阀外形如图5-4所示。它的工作原理是：通电时，电磁线圈产生电磁力把关闭件从阀座上提起，阀门打开；断电时，电磁力消失，弹簧把关闭件压在阀座上，阀门关闭。

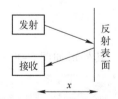

图5-3　红外发射接收原理图

图5-4　直动式电磁阀外形

（2）先导式电磁阀。先导式电磁阀外形如图5-5所示。它的工作原理是：通电时，电磁力把先导孔打开，上腔室压力迅速下降，在关闭件周围形成上低下高的压差，流体压力推动关闭件向上移动，阀门打开；断电时，弹簧力把先导孔关闭，入口压力通过旁通孔迅速在腔室关阀件周围形成下低上高的压差，流体压力推动关闭件向下移动，关闭阀门。

（3）分步直动式电磁阀。分布直动式电磁阀是一种直动式和先导式相结合的电磁阀。其外形如图5-6所示。它的工作原理是：当入口与出口没有压差时，通电后，电磁力直接把先导小阀和主阀关闭件依次向上提起，阀门打开。当入口与出口达到启动压差时，通电后，电磁力使先导小阀、主阀下腔压力上升，上腔压力下降，从而利用压差把主阀向上推开；断电后，先导阀利用弹簧力或介质压力推动关闭件，向下移动，使阀门关闭。

图 5-5　先导式电磁阀外形　　　　图 5-6　分布直动式电磁阀外形

二、红外线控制自动水龙头的工作原理

红外线自动控制水龙头整个工作过程分为五部分，图 5-7 为红外线自动控制水龙头的工作过程框图。

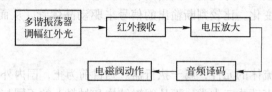

图 5-7　红外线自动控制水龙头的工作过程框图

它的工作原理是：当人体的手放在水龙头的红外线感应区域内，红外发射管发出的红外线由于人手的遮挡反射到红外接收管，接收管接收到的反射光信号自动转换为电信号，经过后续电路进一步放大、整形、译码，最后驱动电路控制电磁阀动作打开水源；当人手或物体离开红外线感应区域内时，红外接收管接收不到反射信号，驱动电路断开电磁阀电源，电磁阀阀芯则通过内部的弹簧进行复位来控制水龙头关闭水源。

应用与拓展

人体红外感应开关是基于红外线技术的自动控制产品。其外形如图 5-8 所示。人体红外感应开关的主要器件为人体热释电红外传感器。人体热释电红外传感器的工作原理是：人体都有恒定的体温，一般在 37℃，所以会发出特定波长约 10 μm 的红外线，被动式红外探头就是探测人体发射的约 10 μm 的红外线而进行工作的。

当有人进入开关感应区域内时，专用传感器探测到人体红外光谱的变化，开关自动接通负载。人不离开且在活动，开关持续导通；人离开后，开关延时后自动关闭负载。人体红外智能感应开关适用于走廊、楼道、仓库、车库、地下室、洗手间等场所的自动照明、抽风等用途。

图 5-8　人体红外感应开关

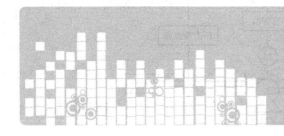

任务二

认识变频恒压供水系统

演示与观察

变频调速技术以其显著的节能效果和稳定可靠的控制方式，在风机、水泵、空气压缩机、制冷压缩机等高能耗设备上广泛应用。将变频调速技术与自动控制技术相结合，在中小型供水企业实现恒压供水，不仅能达到比较明显的节能效果，提高供水企业的效率，更能有效保证系统安全可靠运行。图5-9所示为变频恒压供水设备，它是一种运用当今最先进的微型计算机控制技术，将变频调速器与水泵机组组合而成的机电一体化高科技节能供水装置。

图5-9　变频恒压供水设备

解释与学习

基于PLC和变频调速技术的恒压供水系统集变频调速技术、电气技术、现代控制技术于一体。采用该系统进行供水可以提高供水系统的稳定性和可靠性，同时系统具有良好的节能性，本节就来学习PLC控制变频恒压供水系统。

一、变频恒压供水系统的组成

PLC控制变频恒压供水系统主要由变频器、可编程序控制器（PLC）、压力变送器和现场的水泵机组一起组成一个完整的闭环调节系统，该系统的控制流程图如图5-10所示。

从图中可看出，系统可分为执行机构、信号检测机构、控制机构三部分。

1. 执行机构

执行机构是由一组水泵组成，它们用于将水供入用户管网，分为两种类型，即调速泵和恒

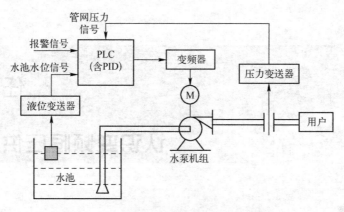

图 5-10　变频恒压供水系统控制流程图

速泵。

（1）调速泵。调速泵由变频调速器控制，可以进行变频调整的水泵。用以根据用水量的变化改变电动机的转速，以维持管网的水压恒定。

（2）恒速泵。恒速泵只运行在工频状态，速度恒定，因此，恒速泵又称工频泵。它们用于在用水量增大而调速泵的最大供水能力不足时，对供水量进行定量补充。

2. 信号检测机构

在系统控制过程中，需要检测的信号包括管网水压信号、水池水位信号和报警信号。管网水压信号反映的是用户管网的水压值，它是恒压供水控制的主要反馈信号，此信号是模拟信号，读入 PLC 时，需进行 A/D 转换。另外为加强系统的可靠性，还需对供水的上限压力和下限压力用电接点压力表（压力控制仪表，如图 5-11 所示）进行检测，检测结果可以送给 PLC，作为数字量输入。水池水位信号反映水泵的进水水源是否充足。信号有效时，控制系统要对系统实施保护控制，以防止水泵空抽而损坏电动机和水泵。此信号来自安装于水池中的液位传感器，报警信号反映系统是否正常运行，水泵电动机是否过载、变频器是否有异常，该信号为开关量信号。

3. 控制机构

供水控制系统一般安装在供水控制柜中，包括供水控制器（PLC 系统）、变频器和电控设备三部分。

图 5-11　电接点压力表外形

（1）供水控制器。供水控制器是整个变频恒压供水控制系统的核心。供水控制器直接对系统中的压力、液位、报警信号进行采集，对来自人机接口和通信接口的数据信息进行分析、实施控制算法，得出对执行机构的控制方案，通过变频调速器和接触器对执行机构（即水泵机组）进行控制。

（2）变频器。变频器是对水泵进行转速控制的单元，其跟踪供水控制器送来的控制信号改变调速泵的运行频率，完成对调速泵的转速控制。

（3）电控设备。电控设备是由一组接触器、保护继电器、转换开关等电气元件组成，用于在供水控制器的控制下完成对水泵的手动、自动切换等。

二、变频恒压供水系统的工作原理及控制过程

1. 变频恒压供水系统的工作原理

变频恒压供水系统的工作原理如图 5-12 所示。由自来水管网或其他水源提供的水进入蓄水池经加压水泵进入用户管网管路。压力传感器将管网的压力信号，传送给控制系统的 PID（控制系统的校正环节），经 PID 运算后输出信号控制变频器的输出频率，变频器根据频率给定信号及预先设定好的加速时间控制水泵的转速以保证水压保持在压力设定值的上、下限范围之内，从而保持供水管道压力的基本恒定。用户用水量大时，管网管路压力下降，变频器频率升高，水泵转速加快；反之频率下降，水泵转速减慢，从而维持恒压供水。当用水量大于一台水泵的最大供水量时，通过 PLC 自动切换电路工作再投入一台水泵，根据最多用水量的大小可投入使用多台水泵。

2. 变频恒压供水系统的控制过程

图 5-13 为三台水泵控制供水原理图，图中的供水系统由三台泵（一用二备）组成，由一台可编程序，控制器和一台变频器切换控制任一台电动机调速。水泵切换电路由工频回路和变频器提供的变频回路组成，通过 PLC 和变频器将各台水泵按照一定的规律顺序投入运行和顺序停止运行，使整个的供水回路处于最佳的配置状态。

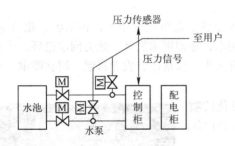

图 5-12　变频恒压供水系统的工作原理

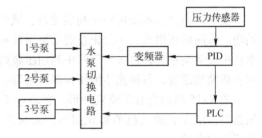

图 5-13　三台水泵控制供水原理

增泵工作过程：假定增泵顺序依次为 1、2、3 泵。开始时，1 泵电动机在 PLC 控制下先投入调速运行，其运行速度由变频器调节。当供水压力小于压力预置值时变频器输出频率升高，水泵转速上升，反之下降。当变频器的输出频率达到上限，并稳定运行后，如果供水压力仍没达到预置值，则需进入增泵过程。在 PLC 的逻辑控制下将 1 泵电动机与变频器连接的电磁开关断开，1 泵电动机切换到工频运行，同时变频器与 2 泵电动机连接，控制 2 泵投入调速运行。如果还没到达设定值，则继续按照以上步骤将 2 泵切换到工频运行，控制 3 泵投入变频运行。

减泵工作过程：假定减泵顺序依次为 3、2、1 泵。当供水压力大于预置值时，变频器输出频率降低，水泵转速下降，当变频器的输出频率达到下限，并稳定运行一段时间后，把变频器控制的水泵停机，如果供水压力仍大于预置值，则将下一台水泵由工频运行切换到变频器调速运行，并继续减泵工作过程。如果在晚间用水不多时，当最后一台正在运行的主泵处于低速运行时，如果供水压力仍大于设定值，则停机并启动辅泵投入调速运行，从而达到节能效果。

三、变频恒压供水系统中的压力传感器

压力传感器（又称压力变送器）是工业实践中最常用的一种传感器，常用的压力传感器有电阻应变片压力传感器、半导体应变片压力传感器、压阻式压力传感器、电感式压力传感器、电容式压力传感器、谐振式压力传感器等，但应用最为广泛的是压阻式压力传感器。变频恒压供水系统通常采用的是抗腐蚀的陶瓷压阻式压力传感器。其外形如图5-14所示。

图5-14　陶瓷压阻式压力传感器外形

变频恒压供水系统中的压力传感器实际上在其中起到了一个感压、接收信号、反馈的作用。系统先设定一个压力值，然后在检测管道中安装一个压力传感器，通常为4～20 mA的信号（反馈用），压力传感器将信号送入变频器PID回路，PID回路对信号进行采集处理，送出一个水量增加或减少信号，控制电动机的转速。如在一定时间内，压力还是不足或过大，则通过变频器启动另一台水泵，使实际管道压力逐渐与设定压力相一致。

应用与拓展

变频恒压供水系统可用于高层建筑、城乡居民小区、企事业等用水；各工矿企业的生产、消防、管网稳压用水；工业企业需要恒压控制的用水，冷却网水循环，热力网水循环，锅炉补水；中央空调系统；自来水厂的中间加压泵站、自来水二次增压；农业排灌、园林喷淋、水景和音乐喷泉系统；各种流体恒压控制系统等。

图5-15所示为音乐喷泉外形。它通过千变万化的喷泉造型，结合五颜六色的彩光照明，来反映音乐的内涵及音乐的主题。

音乐喷泉控制系统主要由音频控制信号、变频器、水泵、多功能阀、万向喷头及水管组成。喷泉水泵采用变频调速技术，实现水泵的无级调速，能根据音频信号的强弱随时调节水泵的转速。多功能阀和万向喷头由喷泉专用控制器控制，可根据程序实现各种图案和形状。音乐喷泉在小区、公园、休闲广场等场所得到了广泛的应用。

图5-15　音乐喷泉外形

单 元 小 结

本单元重点学习了自动开关水龙头和变频恒压供水系统的组成、工作原理和应用。

（1）自动开关水龙头是利用红外线反射原理来工作的，广泛应用于酒店、宾馆、医院等用水较多的公共场所。

（2）变频恒压供水系统的控制对象是水泵，控制目标是保持管网水压恒定，变频恒压供水系统同其他供水方式相比较，具有稳定可靠的运行效果和显著的节能效果，在国内许多实际的供水控制系统中得到了应用。

习　题

1. 图 5-16 为自动给皂器，试分析它的工作原理。

2. 变频恒压供水系统一般由哪几部分组成？

3. 某小区高楼采用变频恒压供水系统对用户供水，系统以单台变频器控制两台水泵，控制原理图如图 5-17 所示，图中 1、2、3、4 为用户用水的四个状态，请根据控制原理图叙述该系统的工作原理。

图 5-16　自动给皂器

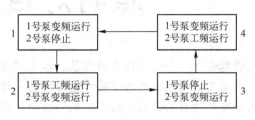

| 1 | 1号泵变频运行
2号泵停止 | ← | 1号泵变频运行
2号泵工频运行 | 4 |
| 2 | 1号泵工频运行
2号泵变频运行 | → | 1号泵停止
2号泵变频运行 | 3 |

图 5-17　供水控制原理图

单元六
照明灯自动开关控制单元

随着社会经济和科学技术的发展，人们的生活水平也不断提高，导致用电负荷加剧，这样，提高用电效率就成为首要考虑的问题。灯光的管理也在朝着自动化、智能化方向发展，例如路灯的自动控制、楼道灯光的自动控制等等。通过本单元的学习，将能够：

(1) 熟悉光控路灯的几种控制电路、工作原理。

(2) 熟悉声光控照明灯的结构组成、工作原理。

(3) 熟知照明灯自动开关控制在实际生活中的应用。

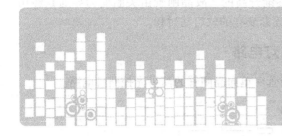

认识光控路灯

演示与观察

路灯是城市的一道风景，也是城市照明不可缺少的设施。很多城市的路灯可以根据光线的强弱调节点亮路灯（又称为光路灯）的时间，这样，随着一年四季昼夜长短或者光线阴暗的变化，就可以自动地调节路灯的点亮时间，实现节约电能的目的。图6-1所示为城市照明路灯。

图6-1　城市照明路灯

解释与学习

街边的路灯大多是通过光敏电阻器（也可采用光敏二极管）来感受光线的强弱，从而引起自身电阻变化，然后三极管根据光敏电阻器的电阻变化自动通、断电路，以实现路灯的自动点亮或熄灭。首先介绍几种光控路灯的控制电路。

一、光敏电阻器－单向晶闸管光控路灯电路

图6-2所示为光敏电阻器－单向晶闸管光控路灯电路。

该电路的工作原理是：当光照强度强时，光敏电阻器RL阻值小，220 V交流电压经 VD 整流后的单向脉冲性直流电压在 R 和 RL 分压后 RL 的电压小，加到晶闸管 V 控制极的电压小，这时晶闸管 V 不能导通，所以路灯 EL 回路无电流，路灯不亮。当光照强度弱时，光敏电阻器 RL 阻值大，R 和 RL 分压后 RL 的电压大，加到晶闸管 V 控制极的电压大，这时晶闸管 V 进入导通状态，所以路灯 EL 回路有电流流过，路灯点亮。

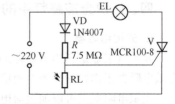

图6-2　光敏电阻器－单向
晶闸管光控路灯电路

该电路具有软启动功能，因为夜幕降临时，自然光线是缓慢变弱的，所以光敏电阻器 RL 的阻值是逐渐变大的，晶闸管 V 门极电平也是逐渐升高的。故晶闸管由关断变为导通是经历一个微导通与弱导通阶段，所以路灯 EL 有一个逐渐变亮的软启动过程。

二、光敏二极管 – 单向晶闸管光控路灯电路

图 6-3 所示是一个性能较好的采用光敏二极管 – 单向晶闸管的简易光控路灯电路。

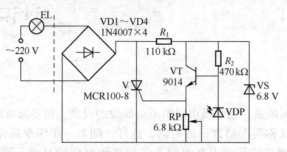

图 6-3　光敏二极管 – 单向晶闸管光控路灯电路

图 6-3 中 VDP 为光敏二极管，白天它呈低电阻，阻值 ≤1 kΩ，晶体管 VT 截止，晶闸管 V 因门极无触发电流而处于关断态，路灯 EL 不亮。夜晚，VDP 无光照射呈高电阻，阻值 ≥100 kΩ，VT 导通，发射极可输出正向触发电流流经 V 的门极，使 V 导通，路灯 EL 点亮发光。调节 RP 可使电路在需要开灯的光照强度下使路灯 EL 点亮。该电路设置了稳压管 VS，使电路工作比较稳定可靠。

三、光敏电阻器 – 双向晶闸管光控路灯电路

图 6-4 所示为一个采用双向晶闸管制作的光控路灯电路。

该电路的工作原理是：白天，光敏电阻器 RL 因受自然光线照射呈现低电阻，它与 R_1 分压后，获得的电压低于双向二极管 VDH 的折转电压，故双向晶闸管 VTH 阻断，路灯 EL 不亮。当夜幕来临时，R_1 上分得电压逐渐升高，当高于 VDH 的折转电压时，VTH 导通，路灯 EL 点亮。该电路具有软启动过程，有利于延长灯泡的使用寿命。增减 R_1 的阻值可以改变电路的光控灵敏度，但一般情况下可以不必调整。VDH 可用转折电压范围为 20 ～ 40 V 的双向二极管，如 2CTS、DB3 型等。

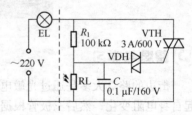

图 6-4　光敏电阻器 – 双向晶闸管光控路灯电路

四、认识光控路灯中的传感器

1. 光敏电阻器

光敏电阻器是利用半导体的光电效应制成的一种电阻值随入射光的强弱而改变的电阻器，光敏电阻器工作原理是光电效应。其外形如图 6-5 所示。

光敏电阻器上可以加直流电压，也可以加交流电压。把它接在图 6-6 所示电路中，当无光照射时，光敏电阻器的阻值很大，电路中的电流很小；当有光照射时，光敏电阻器的阻值变小，电路中的电流增大。

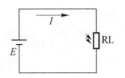

图 6-5　光敏电阻器　　　　图 6-6　光敏电阻器工作电路

光敏电阻器一般用于光的测量、光的控制和光电转换（将光的变化转换为电的变化）。

2. 光敏二极管

光敏二极管又称光电二极管。光敏二极管与半导体二极管在结构上是类似的，其管芯是一个具有光敏特征的 PN 结，具有单向导电性。和普通二极管相比，在结构上不同的是，为了便于接受入射光照，PN 结面积尽量做得大一些，电极面积尽量小些，而且 PN 结的结深很浅，一般小于 $1\ \mu m$。光敏二极管外形如图 6-7 所示。

光敏二极管在工作时需加上反向电压，图 6-8 为光敏二极管工作电路图。当没有光照时，反向电流很小（一般小于 $0.1\ \mu A$），称为暗电流，此时光敏二极管截止；当有光照时，光线照射 PN 结可以使 PN 结中产生电子–空穴对，使少数载流子的密度增加。这些载流子在反向电压作用下漂移，使反向电流增加。光敏二极管在一般照度的光线照射下，所产生的电流称为光电流。如果在外电路上接上负载，负载上就获得了电信号，而且这个电信号随着光的变化而相应变化。

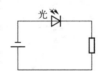

图 6-7　光敏二极管外形　　　　图 6-8　光敏二极管工作电路图

应用与拓展

近年来，随着太阳能发电产业的迅速发展，在照明灯具中太阳能光控路灯已开始在很多地区推广应用。图 6-9 所示为太阳能光控路灯，那么它是如何工作的呢？

太阳能光控路灯的工作原理是：白天，太阳能路灯在智能控制器的控制下，太阳能电池板经过太阳光的照射，吸收太阳能并转换成电能，太阳能电池组件向蓄电池组充电，控制器将断开蓄电池和路灯头（光源）的连接，路灯熄灭；晚上，控制器就会连接蓄电池和光源，蓄电池组给光源提供电能，路灯便点亮，从而达到光控的效果。

目前，太阳能路灯主要用于住宅区的道路照明和对于亮度要求不高，同时接通电网有困难的码头、仓库、公园、博物馆等特殊场所，还很少用于城市道路或公路等需要大功率照明的地方。

图 6-9　太阳能光控路灯

任务 二

认识声光控延时照明灯

📖 **演示与观察**

在居民区的公共楼道，长明灯现象十分普遍，这造成了能源的极大浪费。另外，由于频繁开关或者人为因素，墙壁开关的损坏率很高。目前，多采用声光控延时开关代替住宅小区楼道上的开关，只有在天黑以后，当有人走过楼梯通道，发出脚步声或其他声音时，楼道灯会自动点亮，提供照明，当人们进入家门或走出公寓，楼道灯延时几分钟后会自动熄灭。在白天，即使有声音，楼道灯也不会亮，可以达到节能的目的。声光控延时开关不仅适用于住宅区的楼道，而且也适用于工厂、办公楼、教学楼等公共场所，图 6-10（a）所示为声光控延时开关外形、图 6-10（b）所示为声光控 LED 灯外形。

（a）声光控延时开关外形　　　　（b）声光控LED灯外形

图 6-10　声光控灯

🔄 **解释与学习**

一、声光控延时照明灯的组成

声光控延时照明灯由驻极体传声器（俗称驻极体话筒）、光敏电阻器、音频放大器、选频电路、倍压整流电路、鉴幅电路、恒压源电路、延时开启电路、可控延时开关电路、晶闸管电路等组成。

1. 驻极体话筒

驻极体话筒（见图 6-11）是一种用驻极体材料制造的新型传声器，可以将声音信号转变为电信号，它是一个由振动膜和金属极板构成的容量约为几十皮法的电容器。声电转换的关键元件是驻极体振动膜，它是一片极薄的塑料膜片，在其中一面蒸发上一层纯金薄膜，然后再经过高压电场驻极后，两面分别驻有异性电荷。膜片的蒸金面向外，和金属外壳相连通，膜片的另一面和金属极板之间用薄的绝缘衬圈隔离开。这样，蒸金膜和金属极板之间就形成一个电容。在外界声波的作用下，电容的容量会发生改变，由于驻极体话筒上有一定量的永久电荷，所以驻极体话筒的电荷量不会发生改变，根据 $U = Q/C$ 可得到驻极体两端的电压会随之发生改变。

2. 晶闸管

晶闸管俗称可控硅，它是由 PNPN 四层半导体构成的器件，有三个电极：阳极 A、阴极 K 和控制极 G。晶闸管分为单向和双向两种。单向晶闸管有三个 PN 结，由最外层的 P 极和 N 极引出两个电极，分别称为阳极和阴极，由中间的 P 极引出一个控制极。单向晶闸管有其独特的特性：当阳极接反向电压，或者阳极接正向电压但控制极不加电压时，它都不导通，而阳极和控制极同时接正向电压时，它就会变成导通状态。一旦导通，控制电压便失去了对它的控制作用，不论有没有控制电压，也不论控制电压的极性如何，将一直处于导通状态。要想关断，只有把阳极电压降低到某一临界值或者反向。图 6-12（a）所示为单向晶闸管、图 6-12（b）所示为双向晶闸管。

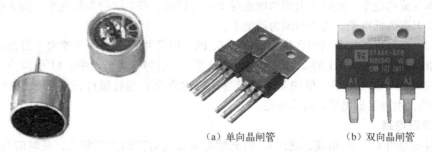

（a）单向晶闸管　　　　（b）双向晶闸管

图 6-11　驻极体话筒外形　　　　　图 6-12　晶闸管

晶闸管在电路中能够实现交流电的无触点控制，以小电流控制大电流，并且不像继电器那样控制时有火花产生，而且动作快、寿命长、可靠性好。晶闸管可用于调速、调光、调压、调温以及其他各种控制电路中。

二、声光控延时照明灯电路

如图 6-13 所示为声光控延时照明灯电路，电路由直流供电电路、控制电路、延时电路 3 部分组成。

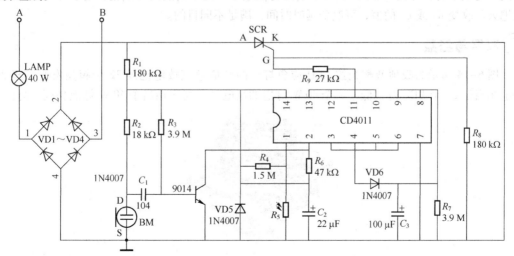

图 6-13　声光控延时照明灯电路

1. 直流供电电路

直流供电电路由 VD1 ～ VD4 组成桥式整流电路。二极管 VD1 ～ VD4 将交流 220 V 进行桥式整流，变成脉动直流电，又经 R_3 降压，C_2 滤波后即为电路的直流电源，可为 BM、9014、CD4011 等供电。

2. 控制电路

控制电路由四与非门 CD4011、驻极体话筒 BM、光敏电阻器 R_5、晶体管 9014、单向晶闸管 SCR 等元器件组成。

白天，由于光敏电阻器 R_5 阻值低，其两端电压低，CD4011 的 1 引脚为低电平，3 引脚即变成高电平，导致 11 引脚为低电平，即单向晶闸管控制极 G 为低电平，单向晶闸管截止，灯泡不亮。夜晚，由于光敏电阻器没有受到阳光照射，其阻值很高，两端电压较高，即 CD4011 的 1 引脚变成高电平，此时 3 引脚的状态受 2 引脚控制，若 2 引脚为高电平，则 3 引脚为低电平；若 2 引脚为低电平，则 3 引脚为高电平。

夜间，当驻极体接收到声音信号后，经 C_1 的滤波作用，被晶体管放大，当被放大的信号达到峰值时，此时 CD4011 的 2 引脚即变为高电平，3 引脚变为低电平，11 引脚高电平，单向晶闸管控制极变成高电平，单向晶闸管导通，灯泡点亮；当驻极体没有接收到声音信号时，CD4011 的 2 引脚为低电平，灯泡不亮。

3. 延时电路

延时电路由 C_3、R_7 组成，通过 C_3 的充放电来维持灯泡的点亮状态，延时的时间由 C_3 的容量及 R_7 的阻值来决定。

4. 整个电路的工作原理分析

白天光敏电阻器两端的电压低，无论有没有声音信号传来，CD4011 的 3 引脚始终为低电平，CD4011 的 11 引脚为低电平，晶闸管始终处于断开状态，灯泡不亮。夜晚无光时，光敏电阻器的阻值很大，R_5 两端的电压高，声音信号（脚步声、掌声等）由驻极体话筒 BM 接收并转换成电信号，经 C_1 耦合到晶体管 9014 的基极进行电压放大，信号经四与非门 CD4011 后输出为高电平，使单向晶闸管导通，电子开关闭合，灯泡点亮；C_3 充满电后只向 R_7 放电，当放电到一定电平时，经四与非门 CD4011 输出为低电平，使单向晶闸管截止，电子开关断开，灯泡熄灭。改变 R_7 或 C_3 的值，可改变延时时间，满足不同目的。

应用与拓展

图 6–14 所示为吸顶型声光控 LED 应急灯，内装应急充放电池及 32 个超亮发光二极管，耗电相当于 50 个 LED 灯，低于一个 40 W 灯泡的用电量，亮度相当于 40 W 灯泡亮度、灯的寿

图 6–14　吸顶型声光控 LED 应急灯

命长达 2 万小时，在紧急停电及消防停电时，仍然可实现人到灯亮、人离灯灭的应急照明，可用于卫生间、车库、楼道等场所。

单 元 小 结

本单元重点学习了照明灯自动开关控制的控制方法、工作电路、工作原理和实际应用。

（1）灯光的自动开关控制有光控、声控等。

（2）光控开关灯控制可通过光敏电阻器、光敏二极管、光电池等感受光信号，声控开关灯可通过驻极体话筒感受声音信号，然后由晶闸管接通或断开电路，以实现灯的亮、灭控制。

（3）照明灯自动开关控制可用于路灯控制，以及楼道、工厂、办公楼、教学楼等公共场所照明灯控制。

习 题

1. 可以用哪些传感器实现照明灯的自动开关控制？

2. 如图 6-15 所示是光控路灯电路，用发光二极管 LED 模仿路灯，R_G 为光敏电阻器，R_1 的最大电阻为 51 kΩ，R_2 为 330 kΩ，试分析：

（1）该电路如何做到在天色暗时让路灯自动点亮，而在天亮时自动熄灭？

（2）要想在天更暗时路灯才会亮，应该把 R_1 的阻值调大些还是调小些？为什么？

3. 利用发光二极管、晶体管、光电池、继电器和直流 +5 V 电源等器件设计一个可以通过光线变化自动控制路灯（用发光二极管模拟）亮灭的电路。

4. 学生看书学习都需要一定的光照，光线太弱或太强，对眼睛都不利。为了保护视力可以制作一个光控报警器，来监视阅读环境的亮度。图 6-16 所示为一个光控报警器电路，当光线较暗时蜂鸣器会发出鸣叫，提醒人们开灯照明。请根据该电路制作一个光控报警器。

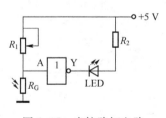

图 6-15　光控路灯电路

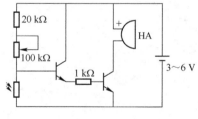

图 6-16　光控报警器

单元七
火灾自动报警与监控单元

　　火灾自动报警是人们为了尽早控测初期火灾，以便采取相应措施（例如，疏散人员，呼叫消防队，启动灭火系统，操作防火门、防火卷帘、防烟、排烟风机等），而设置在建筑物中或其他场所的一种自动消防设施，是现代消防不可缺少的安全技术设施之一。通过本单元的学习，将能够：

　　（1）熟悉火灾自动报警单元的组成、工作原理和应用。

　　（2）熟悉火灾探测器的类型、工作原理和适用范围。

　　（3）熟悉电气火灾监控单元的组成、工作原理和应用。

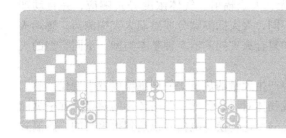

任 务 一

认识火灾自动报警单元

演示与观察

在各种灾害中，火灾是最常见、最普遍威胁公众安全和社会发展的主要灾害之一，图7-1所示为火灾的现场。

图7-1　火灾现场

统计资料表明，在高层建筑火灾中因烟气窒息和中毒死亡的人数远远大于被烧死的人数，所以早期报警十分重要。在交通港航等系统许多重要的办公楼、仓库、变电站、控制中心等都安装了火灾自动报警设备，火灾自动报警设备在消防安全保卫工作中发挥了重要作用。

解释与学习

一、火灾自动报警单元的组成

火灾自动报警单元一般由触发器件、火灾报警装置、火灾警报装置和电源4部分组成，复杂单元还包括消防联动控制装置。它具有能够在火灾初期，将燃烧产生的烟雾、热量和光辐射等物理量，通过感温、感烟和感光等火灾探测器变成电信号，传输到火灾报警控制器，并同时显示出火灾发生的部位，记录火灾发生的时间。

（一）触发器件

在火灾自动报警单元中，自动或手动产生火灾报警信号的器件称为触发器件。主要包括火灾探测器和手动报警按钮。

1. 火灾探测器

火灾探测器是能对火灾参数（如烟、温、光、火焰辐射、气体浓度等）响应，并自动产生火灾报警信号的器件，按照响应火灾参数的不同，火灾探测器分成感温火灾探测器、感烟火灾探测器、感光火灾探测器、可燃气体探测器和复合火灾探测器5种基本类型。不同类型的火灾探测器适用于不同类型的火灾和不同的场所。

（1）感温式火灾探测器。火灾时物质的燃烧产生大量的热量，使周围温度发生变化。感温式火灾探测器是利用感温元件接收被监测环境或物体对流、传导、辐射传递的热量，并根据测量、分析的结果判定是否发生火灾。它是将温度的变化转换为电信号以达到报警目的，感温式火灾探测器外形如图7-2所示。

感温式火灾探测器对火灾发生时温度参数最敏感，其关键是由组成探测器核心部件——热敏元件决定。热敏元件是利用某些物体的物理性质随温度变化而变化的敏感材料制成。感温式火灾探测器适宜安装于起火后产生烟雾较小的场所，平时温度较高的场所不宜安装感温式火灾探测器。

（2）感烟式火灾探测器。火灾的起火过程一般都伴有烟、热、光3种燃烧产物。在火灾初期，由于温度较低，物质多处于阴燃阶段，所以产生大量烟雾。烟雾是早期火灾的重要特征之一，感烟式火灾探测器是能对可见的或不可见的烟雾粒子响应的火灾探测器。它是将探测部位烟雾浓度的变化转换为电信号以实现报警目的的一种器件。感烟式火灾探测器有离子感烟式、光电感烟式、激光感烟式等几种类型。

离子感烟式探测器（见图7-3）是点型探测器，它的离子室中少量的放射性物质（镅-241）可使电离室中的空气产生电离，使电离室在电子电路中呈电阻特性。当烟雾进入电离室后，电离电流发生改变，电离室的阻抗发生变化。根据阻抗变化的大小判定是否有火灾发生。由于离子感烟式探测器含有放射性元素，回收处理比较麻烦，现已很少使用。

图7-2　感温式火灾探测器外形　　　　　　图7-3　离子感烟式探测器外形

光电感烟式探测器（见图7-4）也是点型探测器，它是利用起火时产生的烟雾能够改变光的传播特性这一基本性质而研制的。根据烟粒子对光线的吸收和散射作用。光电感烟式探测器又分为遮光型和散光型两种。

激光感烟式探测器（见图7-5）是线型探测器，它是对警戒范围内某一线状窄条周围烟气参数响应的火灾探测器。它同前面两种点型感烟式探测器的主要区别在于线型感烟式探测器将光束发射器和光电接收器分为两个独立的部分，使用时分装于相对的两处，中间用光束连接起来。激光感烟式探测器又分为对射型和反射型两种。

感烟式火灾探测器适宜安装在发生火灾后产生烟雾较大或容易产生阴燃的场所；它不宜安装在平时烟雾较大或通风速度较快的场所。

图7-4　光电感烟式探测器外形　　　　　图7-5　激光感烟式探测器外形

（3）感光式火灾探测器。物质燃烧时，在产生烟雾和放出热量的同时，也产生可见或不可见的光辐射。感光式火灾探测器（见图7-6）又称火焰探测器，它是用于响应火灾的光特性（即扩散火焰燃烧的光照强度和火焰的闪烁频率）的一种火灾探测器。

根据火焰的光特性，目前使用的火焰探测器有两种：一种是对波长较短的光辐射敏感的紫外探测器，另一种是对波长较长的光辐射敏感的红外探测器。紫外探测器是敏感高强度火焰发射紫外光谱的一种探测器，它使用一种固态物质作为敏感元件，如碳化硅或硝酸铝，也可使用一种充气管作为敏感元件。红外探测器基本上包括一个过滤装置和透镜单元，用来筛除不需要的波长，而将收进来的光能聚集在对红外光敏感的光电管或光敏电阻器上。感光式火灾探测器宜安装在有瞬间产生爆炸的场所，如石油、炸药等化工制造的生产、存放场所等。

（4）可燃气体探测器。可燃气体探测器是对一种或多种可燃气体浓度响应的探测器。其外形如图7-7所示。可燃气体火灾探测器除具有预报火灾、防火、防爆功能外，还可以起到监测环境污染的作用。目前主要用于宾馆厨房或燃料气储备间、汽车库、压气机站、过滤车间、溶剂库、炼油厂、燃油电厂等存在可燃气体的场所。

图7-6　感光式火灾探测器外形　　　　图7-7　可燃气体探测器外形

（5）复合式火灾探测器。复合式火灾探测器是对两种或两种以上火灾参数响应的探测器，它有感烟感温式、感烟感光式、感温感光式等几种类型。

（6）火灾探测器的选择。火灾探测器的选择应根据探测区域内可能发生的早期火灾的形成和发展特点，房间高度，环境条件以及可能产生误报的因素等综合确定。当火灾初期处于阴燃阶段，产生大量的烟和少量的热，很少或没有火焰辐射的场所，应选用感烟式火灾探测器；对火灾发展迅速，产生大量的烟、热和火焰辐射的场所，可选用感烟式火灾探测器、感温式火灾探测器、火焰火灾探测器或其组合；对火灾发展迅速，有强烈的火焰辐射和少量的烟、热的场所，应选用火焰火灾探测器；对使用、生产或聚集可燃气体或可燃液体蒸气的场所，应选用可燃气体火灾探测器。

2. 手动火灾报警按钮

手动火灾报警按钮是用手动方式产生火灾报警信号，启动火灾自动报警单元的器件，也是火灾自动报警单元中不可缺少的组成部分之一，手动火灾报警按钮外形如图7-8所示。

手动火灾报警按钮主要安装在经常有人出入的公共场所中明显和便于操作的部位。当有人发现有火情的情况下，手动按下按钮，向报警控制器送出报警信号。

（二）火灾报警装置

在火灾自动报警单元中，用以接收、显示和传递火灾报警信号，并能发出控制信号和具有其他辅助功能的控制指示设备称为火灾报警装置，通常由火灾显示盘及火灾报警控制器等组成。

1. 火灾显示盘

火灾显示盘是可以安装在楼层或独立防火区内的火灾报警显示装置。分为数字式、汉字/英文式、图形式3种。放置在每个楼层或分区内，用于显示本楼层或分区内的火警情况，火灾显示盘外形如图7-9所示。

图7-8　手动火灾报警按钮外形　　　　　图7-9　火灾显示盘外形

2. 火灾报警控制器

火灾报警控制器又称火灾自动报警控制器，是智能建筑消防系统的核心部分，火灾报警控制器外形如图7-10所示。

火灾报警控制器担负着为火灾探测器提供稳定的工作电源；监视探测器及单元自身的工作状态；接受、转换、处理火灾探测器输出的报警信号；进行声光报警；指示报警的具体部位及时间；同时执行相应辅助控制等任务。

（三）火灾警报装置

在火灾自动报警单元中，用以发出区别于环境声、光的火灾警报信号的装置称为火灾警报装置，火灾警报器是一种最基本的火灾警报装置，通常与火灾报警控制器组合在一起，它以声、光音响方式向报警区域发出火灾警报信号，以警示人们采取安全疏散、灭火救灾措施。按报警信号形式可分为火灾声警报器（警铃）、光警报器、声光警报器。

图7-11所示为火灾声光警报器，火灾声光警报器用于产生事故现场的声音报警和闪光报警，尤其适用于报警时能见度低或事故现场有烟雾产生的场所。

（四）电源

火灾自动报警单元属于消防用电设备，其主电源采用消防电源，备用电源采用蓄电池。单元电源除为火灾报警控制器供电外，还为与单元相关的消防控制设备等供电。

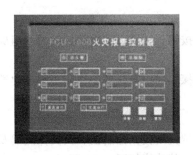

图7-10 火灾报警控制器外形 　　图7-11 火灾声光警报器

（五）消防控制设备

在火灾自动报警单元中，当接收到来自触发器件的火灾报警信号后，能自动或手动启动相关消防设备并显示其状态的设备称为消防控制设备。消防控制设备主要包括火灾报警控制器，自动灭火单元的控制装置，室内消火栓单元的控制装置，防烟排烟单元及空调通风单元的控制装置，常开防火门、防火卷帘的控制装置，电梯回降控制装置，以及火灾事故广播、火灾警报装置、消防通信设备、火灾事故照明与疏散指示标志的控制装置等十类控制装置中的部分或全部。消防控制设备一般设置在消防控制中心，以便于实行集中统一控制，也有的消防控制设备设置在被控消防设备所在现场（如消防电梯控制按钮），但其动作信号则必须返回消防控制室，实行集中与分散相结合的控制方式。

二、火灾自动报警单元的工作原理

火灾自动报警单元工作原理图如图7-12所示。安装在保护区的探测器不断地向所监视的现场发出巡检信号，监视现场的烟雾浓度、温度等，并不断反馈给报警控制器，控制器将接到的信号与内存的正常整定值比较、判断以确定是否有火灾发生。当发生火灾时，火灾警报器首先发出声光报警，提示值守人员，在控制器上还将显示探测出的烟雾浓度、温度等值及火灾区域或楼层房号的地址编码，并打印报警时间、地址等。同时向火灾现场发出警铃报警，在火灾发生楼层的上下相邻层或火灾区域的相邻区域也同时发出报警信号，以显示火灾区域。各应急疏散指示灯亮，指明疏散方向。

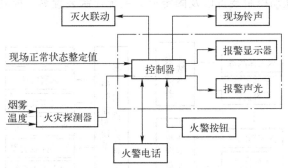

图7-12 火灾自动报警单元工作原理图

三、火灾自动报警单元的基本形式

火灾自动报警单元基本形式有3种，即区域报警单元、集中报警单元和控制中心报警单元。

1. 区域报警单元

区域报警单元由火灾探测器、手动火灾报警按钮、区域火灾报警控制器等组成。其功能如图 7-13 所示。

区域报警单元功能简单，主要用于完成火灾探测和报警任务，适用于小型建筑对象和防火对象单独使用。

2. 集中报警单元

集中报警单元是由集中火灾报警控制器、区域火灾报警控制器、火灾探测器及手动火灾报警按钮等组成的功能较复杂的火灾自动报警单元。其功能如图 7-14 所示。

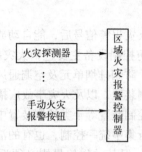

图 7-13　区域报警控制单元功能

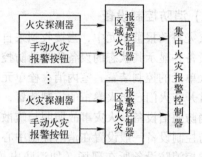

图 7-14　集中报警控制单元功能

集中报警单元一般是区域报警控制器的上位控制器，它是整个建筑消防单元的总监控设备，一般安装在大型建筑物的消防控制中心，功能比区域报警控制器更加强大。

集中报警单元通常用于功能较多的建筑物，如高层宾馆、饭店等场合。这时，集中火灾报警控制器应设置在有专人值班的消防控制室或值班室内，而区域火灾报警控制器应设置在各层的服务台处。

3. 控制中心报警单元

控制中心报警单元是由设置在消防控制室的消防控制设备、集中火灾报警控制器、区域火灾报警控制器、火灾探测器及手动火灾报警按钮等组成的功能复杂的火灾自动报警单元。其中消防控制设备主要包括火灾警报装置，火警电话，火灾事故照明，火灾事故广播，防排烟、通风空调、消防电梯等联动控制装置以及固定灭火系统控制装置等。控制中心报警单元功能如图 7-15所示。

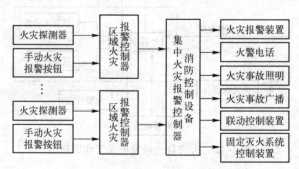

图 7-15　控制中心报警单元功能

控制中心报警单元的容量较大，消防设施控制功能较全，适用于大型建筑群、高层或超高层建筑、大型综合商场、宾馆、公寓综合楼等场所，可以对各类设置在建筑中的消防设备实现联动控制和手动/自动控制转换。

应用与拓展

　　火灾自动报警设备作为现代建筑的重要消防设施，适用于重要办公楼、高级宾馆、变电所、电信机房、电视广播机房、图书馆、档案馆及易燃品仓库等建筑。图 7-16 所示为某地铁火灾自动报警系统，那么它是怎样工作的呢？

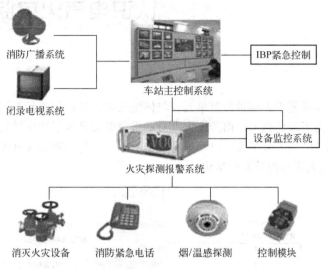

消防广播系统　　　车站主控制系统　　　IBP紧急控制

闭录电视系统

设备监控系统

火灾探测报警系统

消灭火灾设备　　消防紧急电话　　烟/温感探测　　控制模块

图 7-16　某地铁火灾自动报警系统

　　当火灾发生时，FAS（防灾报警自动控制系统，由火灾触发器件、火灾报警控制装置、火灾警报装置以及火灾联动控制装置四部分功能装置组成）通过控制盘的通信接口，直接向 BAS（环境监控系统）发出火灾命令，由 BAS 自动启动相关模式，从而控制防排烟及其他消防设备进入救灾状态，同时将模式指令发送给 MCS（主控站），MCS 收到模式指令后，由正常运行模式转为火灾运行模式并监视设备的状态；根据现场报警、列车位置等有关信息，使行车指挥、防灾和安全等子单元协调工作。为保证安全，在每个车站车控室设置同一综合的紧急后备控制盘（IBP）。

任务 二

认识电气火灾监控单元

📖 演示与观察

电气火灾监控单元属于先期预报警单元，与传统火灾自动报警单元不同的是，电气火灾监控单元早期报警是为了避免损失，而传统火灾自动报警单元是为了减少损失。在新建或是改建的工程项目，尤其是已经安装了火灾自动报警设备的单位，仍需要安装电气火灾监控单元。如图 7-17 所示为电气火灾监控单元的结构。

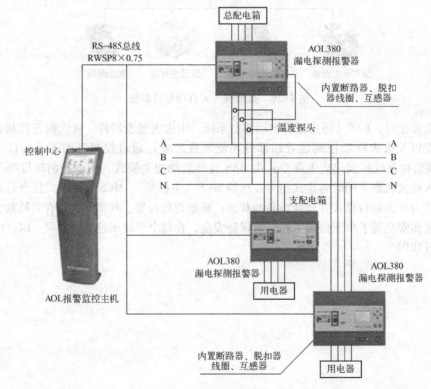

图 7-17　电气火灾监控单元的结构

🔄 解释与学习

一、电气火灾监控单元的组成

电气火灾监控单元由电气火灾监控设备、剩余电流式电气火灾监控探测器以及测温式电气火灾监控探测器三部分组成。

1. 电气火灾监控设备

电气火灾监控设备是能接收来自电气火灾监控探测器的报警信号，发出声、光报警信号和控制指令，指示报警部位，记录并保存报警信息，自动启动灭火单元的装置。其外形如图7-18所示。

2. 剩余电流式电气火灾监控探测器

剩余电流式电气火灾监控探测器是用来检测供电线路的剩余电流，当剩余电流达到报警设定值时，通过总线传送报警信息的设备。它应用于小区住宅、大厦、厂矿、学校、宾馆等人员密集地方的配电设备中，监控保护剩余漏电造成的火灾事故。控制器一旦收到某防区用电设备有漏电，便发出声光报警，并立即切断负载电源，同时向上级或消防联动中心发送报警故障地址，把漏电造成的火灾事故消灭在萌芽状态之中，保护用电安全。剩余电流式电气火灾探测器由监控探测器和剩余电流互感器组成。其外形如图7-19所示。

图7-18　电气火灾监控设备外形　　　　图7-19　剩余电流式电气火灾监控探测器外形

（1）监控探测器。监控探测器是用来探测被保护线路剩余电流、温度等可能引发电气火灾参数变化的探测器，是一种独立式的智能型探测器。剩余电流监控探测器作为电气火灾监控单元信号处理的中继部分，能通过内置电路及软件对下级终端电流探头传递过来的信号进行智能分析处理，由此可判断出下级终端每一只电流探头的状态（即故障状态、火灾报警状态、正常工作状态），并通过通信网络将本机（即多台电流探测器的一台）下级终端每一只电流探头的故障、报警等信息发送给上级电气火灾监控设备，完成监控、报警的综合处理。

（2）剩余电流互感器。剩余电流（又称漏电流）是指低压配电线路中各相（含中性线）电流矢量和不为零的电流。用作变换剩余电流的一个或三个连接成一组的电流互感器称为剩余电流互感器，它是基于基尔霍夫电流定律，即通过电路中任一节点的所有支路电流代数和等于零的原理，完成供电线路剩余电流的检测，并将剩余电流信号输入给探测器的信号处理模块。在电气火灾监控单元中，剩余电流互感器实现对剩余电流信号的检测，将感应出来的信号传输到剩余电流采集模块，经过信号的转换滤波后，MCU（单片微型计算机）利用片内A/D模块对各个通道的信号量进行A/D采样，并进行相应的数学运算，完成信号的精确测量，再按设置的保护参数，进行报警保护处理。同时MCU根据探测器的状态，来控制LED数码管显示、数据计算/存储、外部通信、键盘菜单操作、继电器开关动作、蜂鸣器报警等工作。其外形如图7-20所示。

剩余电流互感器的保护动作整定电流可以从毫安级到安级，有相当高的动作灵敏性，因此，剩余电流保护装置对于 TT、IT、TN-S、TN-C-S 接地系统均可适用，安装时 A、B、C 三相导线与 N 线一起穿过一个剩余电流互感器。其安装示意图如图 7-21 所示。

图 7-20　剩余电流互感器外形　　　　图 7-21　剩余电流互感器的安装示意图

3. 测温式电气火灾监控探测器

测温式电气火灾监控探测器是用来检测供电线路的温度，当温度达到报警设定值时，通过总线传送报警信息的设备。适用于电气火灾发生机率最大的工厂、大型库房、办公室、商业建筑、宾馆、住宅及娱乐场所等线路复杂的场所中。测温式电气火灾监控探测器具有温度探头故障诊断、报警精度高、可靠性强（能有效防止误报、漏报）、小型化、多功能、简单实用、安装方便等特点。测温式电气火灾监控探测器由监控探测器和测温传感器组成。其外形如图 7-22 所示。

（1）监控探测器。监控探测器能通过内置电路及软件对下级终端温度探头传递过来的信号进行智能分析处理，由此可判断出下级终端每一只温度探头的状态，并通过通信网络将本机（即多台温度探测器的一台）下级终端每一只温度探头的故障、报警等信息发送给上级电气火灾监控设备，完成监控、报警的综合处理。

（2）测温传感器。测温式电气火灾监控探测器通常采用热电阻作为温度检测器，热电阻测温是基于金属导体的电阻值随温度的增加而增加这一特性来进行温度测量的。测温传感器热电阻大都由纯金属材料制成，目前应用最多的是铂和铜。其外形如图 7-23 所示。

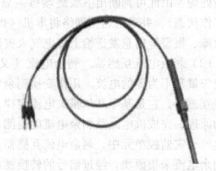

图 7-22　测温式电气火灾监控探测器外形　　　　图 7-23　测温传感器外形

测温传感器一般设置在电气单元的电缆接头、电缆本体、开关触点等重点发热部位，用于监测由于设备过热而引起的火灾。感温探针的安装示意图如图 7-24 所示。

图 7-24 感温探针的安装示意图

二、电气火灾监控单元的工作原理

当电气设备中的电流、温度等参数发生异常或突变时，终端探测头（如剩余电流互感器、温度传感器等）利用电磁感应原理、温度效应的变化对该信息进行采集，并输送到监控探测器里，经放大、A/D 转换以及 CPU 对变化的幅值进行分析、判断，与报警设定值进行比较，一旦超出设定值则发出报警信号，同时也输送到监控设备中，再经监控设备进一步识别、判定，当确认可能会发生火灾时，监控主机发出火灾报警信号，点亮报警指示灯，发出报警音响，同时在液晶显示屏上显示火灾报警等信息。值班人员则根据以上显示的信息，迅速到事故现场进行检查处理，并将报警信息发送到集中控制台。

应用与拓展

电气火灾监控装置应用于智能楼宇、高层公寓、宾馆、饭店、商厦、工矿企业、国家重点消防单位以及石油化工、文教卫生、金融、电信等领域的电气火灾监控，对分散在建筑内的探测器进行遥测、遥调、遥控、遥信，方便实现监控与管理。图 7-25 所示为电气火灾监控装置安装实例图。

图 7-25　电气火灾监控装置安装实例图

单 元 小 结

本单元重点学习了火灾自动报警单元（发生火灾后报警）和电气火灾监控单元（先期预报警）的结构组成、工作原理及应用场合。

（1）火灾自动报警单元由触发器件、火灾报警装置、火灾警报装置和电源等 4 部分组成，

79

单元七　火灾自动报警与监控单元

应用于重要办公楼、高级宾馆、变电所、电信机房、电视广播机房、图书馆、档案馆及易燃品仓库等建筑。

（2）电气火灾监控单元由电气火灾监控设备、剩余电流式电气火灾监控探测器以及测温式电气火灾监控探测器三部分组成，应用于智能楼宇、高层公寓、宾馆、饭店、商厦、工矿企业、国家重点消防单位以及石油化工、文教卫生、金融、电信等领域。

习　题

1. 自动火灾报警单元由哪几部分组成？它是如何实现自动报警的？
2. 电气火灾监控单元由哪些产品组成？它与传统的自动火灾报警单元相比有何区别？
3. 图 7-26 所示为家用燃气报警器，请叙述它的工作原理。

图 7-26　家用燃气报警器

单元八

电力变压器的自动控制

变压器是电力系统中数量极多且地位十分重要的电气设备，随着电力行业的飞速发展，自动控制系统在电力变压器上得到了极为广泛的应用，无人值守变电所、智能型变电站均得益于自动控制系统的广泛应用。通过本单元的学习，将能够：

(1) 了解电力变压器自动监视测量及保护系统的组成。

(2) 熟知变压器各控制单元的基本工作原理。

(3) 了解煤油气相干燥设备的工作原理、结构组成。

(4) 熟知煤油气相干燥设备的控制过程及应用。

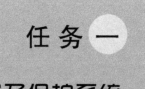

任务 一

认识电力变压器自动监视测量及保护系统

演示与观察

电力变压器是发电厂和变电所的主要设备之一，是用来将某一数值的交流电压（电流）变成频率相同的另一种或另几种数值不同的电压（电流）的设备。其外形如图 8-1 所示。

图 8-1　电力变压器外形

解释与学习

随着国家经济的飞速发展，对电网建设也提出了更高要求，"智能电网、坚强电网"是国家电网公司近几年来提出的发展方向，那么如何实现这一目标呢？电网如何智能化呢？这与一次设备配套保护装置的智能化、自动化有直接关系，同时也与二次控制系统的智能化、自动化程度有直接关系，因此下面将从变压器一次设备的监视测量及保护装置的构成及各模块的工作原理逐一说明。

一、电力变压器介绍

变压器是用来传输电能的电气设备，是发电厂和变电所的主要设备之一。它主要由绕组（变压器的电路部分）、铁心（变压器的磁路部分）、绝缘结构（主绝缘和从绝缘及绝缘与冷却介质）、冷却系统（冷却器或散热器、风机、油泵等）、壳体（油箱）、保护装置等组成。

二、电力变压器自动监视测量及保护系统

电力变压器自动监视测量及保护系统主要包括：测温装置（包括绕组温度计和油面温度计）、降温冷却装置（风冷控制箱）、变压器瓦斯保护装置（气体继电器）、油位测试装置

（油位计）、压力保护装置（压力释放阀）等。

1. 绕组温度计

普通油浸电力变压器的绝缘材料一般为 A 级，耐受温度为 105 ℃，温度过高或长时间处于高温下运行，变压器的绝缘材料寿命会缩短，相应变压器的使用寿命会缩短。当电力变压器内部发生故障时，表现为三个绕组温度升高。为了保护变压器，保障供电系统的安全、可靠运行，需要对变压器的三个绕组温度进行监控，高压时报警，超温时跳闸。绕组温度计就是用来监视、测量电力变压器绕组运行温度的保护装置。其外形如图 8-2 所示。

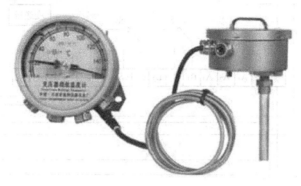

图 8-2　变压器绕组温度计外形

绕组温度计主要由以下几个部分组成：温包、测量波纹管及连接二者的毛细管，组成反映变压器顶层油温的测量系统；电流互感器、电流匹配器及电热元件，组成反映绕组负载电流变化的热模拟部分以及用于补偿环境温度的补偿波纹管。测量系统中注满一种体积随温度变化的液体，将该系统中的温包置于油箱顶部，以感应变压器顶层油温的变化，引起测量系统中液体的胀缩，导致测量波纹管的位移。

绕组温度计的工作原理是：变压器绕组温度计的温包插在变压器油箱顶层的油孔内，当变压器负荷为零时，绕组温度计的读数为变压器油的温度；当变压器带上负荷后，通过变压器电流互感器取出的与负荷成正比的电流，经变流器调整后流经嵌装在波纹管内的电热元件。电热元件产生的热量，使弹性元件的位移量增大。因此在变压器带上负荷后，弹性元件的位移量是由变压器顶层油温和变压器负荷电流二者所决定。变压器绕组温度计指示的温度是变压器顶层油温与线圈对油的温升之和，反映了被测变压器线圈最热部位的温度。

变压器用绕组温度计是专为油浸式电力变压器设计的，采用"热模拟"方法间接测量变压器绕组温度的专用仪表。图 8-3 所示为 BWR-04 绕组温度计。

图 8-4 所示为 BWR-04 绕组温控器、变流器和数显温控仪总接线图。

图 8-4 中，R_s 为绕组温控器的电热元件，XMT 仪表具有遥测变压器绕组温度及超温报警等功能。在电力变压器的温度控制系统中通过整定 S1、S2、S3、S4 中温度调整开关来实现对变压器的保护。对于风冷却变压器，S1、S2 的整定值用来控制风机的开启与停止，S3、S4 用来控制变压器的报警与跳闸保护，一般来说 S1 整定值为 65 ℃，

图 8-3　BWR-04 绕组温度计

用来向风机发出停止运行信号；S2 整定值为 75 ℃，用来向风机发出启动运行信号；S3 整定值为 95 ℃，用来发出变压器温度过高的报警信号，提醒运行维护人员注意；S4 整定值为 105 ℃，用来发出跳闸信号，使变压器停止运行，进而实现对变压器的保护。

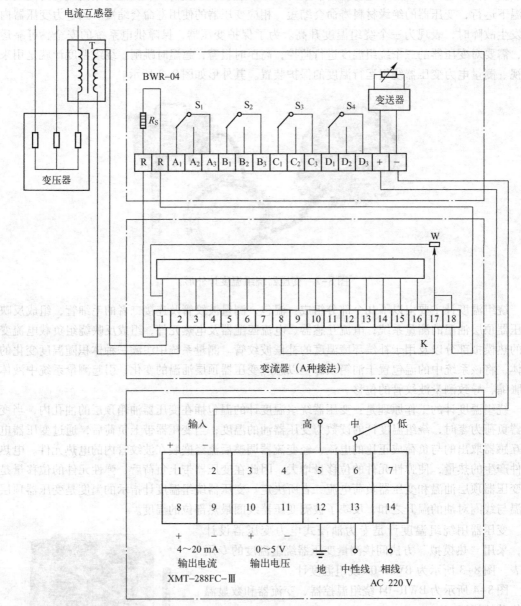

图 8-4　总接线图

2. 风冷控制箱

为确保变压器运行正常，一般而言，控制箱均采用两回路电源供电，两回路电源可任选一路作为工作电源，而另一路作为备用电源，当工作电源出现故障时，另一路备用电源自动投入。其外形如图 8-5 所示。

当运行中的变压器顶层油温或变压器负荷达到规定值时，能使变压器的电风扇自动投入。

图 8-5　变压器风冷控制箱外形

当油顶层温度降低到规定值时自动停止风机运行，控制过程是：箱内装有一台双路温度控制器，当温度为 0 ℃时，将自动加热；当温度达到 5 ℃以上时，则加热停止；当温度达到 35 ℃时将启动降温电风扇；温度降到 30 ℃以下后，电风扇关闭，这样就保证箱内温度保持在一个安全范围内。

3. 气体继电器

气体继电器又称瓦斯继电器，是用于带储油柜的油浸变压器和有载开关的一种保护装置。当变压器（或有载开关）内部出现故障时，因变压器油分解而产生的气体超过一定量时，继电器的信号接点接通，并发出报警信号；当变压器（或有载开关）内部出现严重故障时，将会出现变压器油的涌浪，在管路产生油流，冲动继电器的挡板，当使挡板达到某一限定位置时，继电器的跳闸接点接通，切断变压器电源，以保护变压器。如果变压器因漏油而使油面降低时，继电器也会发出报警信号。图 8-6 所示为气体继电器外形、图 8-7 所示为气体继电器内部结构。

图 8-6　气体继电器外形

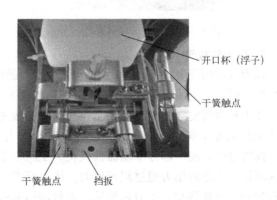

开口杯（浮子）

干簧触点

干簧触点　　挡扳

图 8-7　气体继电器内部结构

气体继电器的工作原理是：变压器正常工作时，继电器内一般是充满变压器油的。如果变压器内部出现故障，则因油分解产生的气体聚集在容器上部迫使油面下降，浮子降到某一限定位置时，磁铁使干簧触点闭合，接通信号回路，发出信号，若变压器内漏油使油面降低，同样发出信号；如果变压器内发生严重故障，将会出现油的浪涌，则在连接管内产生油流，冲动挡板，当挡板运动到某一限定位置时，磁铁使干簧触点闭合，接通跳闸回路，切断变压器电源，从而起到保护变压器的作用。图8-8为气体继电器接线原理图。

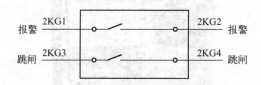

图 8-8　气体继电器接线原理图

4. 油位计

指针式油位计（简称油位计）是变压器储油柜的油位测试装置。其主要结构包括：感受部分（直杆浮球或伸缩杆），传动部分，磁耦合器，指示部分，报警部分。感受部分将油位高低通过传动部分与磁耦合器带动指示部分，最后通过指针在刻度盘上指示出油位的高低，并在最高、最低油位时发出报警信号，起到远距离监控的目的。其外形如图8-9所示。

油位计的工作原理是：当变压器油位低于整定油位指示值时，低油位控制节点接通，D1、D2接通，发出低油位报警信号；同样当变压器油位高于整定油位指示值时，高油位控制节点接通，D1、D3接通，发出高油位报警信号。得到油位报警信号后运行维护人员会第一时间到达变压器运行现场，对变压器做出及时处理，进而避免变压器烧毁故障发生。图8-10为油位计的工作原理图。

图 8-9　指针式油位计外形

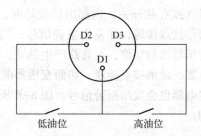

图 8-10　油位计的工作原理图

5. 压力释放阀

压力释放阀是用来保护大中型油浸式变压器的压力保护装置，在变压器内部故障产生大量气体时，可以避免油箱变形和爆裂。其外形如图8-11所示。

压力释放阀安装在变压器油箱顶盖上作为安全保护，类似于锅炉的安全阀。当油浸式变压器在运行中出现故障时，由于线圈过热，使一部分变压器油汽化，变压器油箱中压力迅速增加，当油的压力超过规定值时，压力释放阀的密封阀门被顶开，气体排出，压力减少后，密封阀门靠弹簧压力又自行关闭。由于压力释放阀动作后能可靠关闭，油箱外的水和空气不能进入油箱，变压器内部不会受大气污染。

应用与拓展

随着现代微电子技术的发展，智能仪器在工业现场中得

图 8-11　压力释放阀

到了广泛的应用。智能仪器是计算机技术和测量仪器相结合的产物，是含有微型计算机或微型处理器的仪器。在干式变压器中采用智能温度控制仪，能根据测量到的干式变压器实时温度控制降温风机，保证干式变压器工作在设定温度范围内。图8-12所示为干式变压器智能温度控制仪外形。

图8-12 干式变压器智能温度控制仪外形

智能温度控制仪不断巡回监测变压器三相绕组的表面温度，一方面实时显示绕组的温度；另一方面根据测得的绕组温度值控制风机的开启和关闭。当绕组温度高于正常温度值时，启动风机，对变压器降温；当绕组温度在正常温度范围内时，关闭风机。风机能加快干式变压器周围空气流速，使变压器散发出的热量尽快由周围空气带走，从而降低干式变压器的工作温度，如果绕组温度持续升高，智能温度控制仪发出报警信号，若绕组温度再升高，可通过切断变压器电源来保护变压器。工作人员可根据需要设定智能温度控制仪的工作状态和工作参数。

任 务 二

认识煤油气相干燥设备在变压器中的应用

演示与观察

煤油气相干燥设备是目前变压器行业中应用于变压器器身和线圈干燥的一项专用技术设备，主要用于对变压器的器身和线圈进行干燥处理，而干燥工艺的好坏直接影响着变压器的性能以及使用寿命。与传统的干燥设备相比，煤油气相干燥设备具有加热均匀，加热快，干燥效果好等特点，是目前大型变压器产品绝缘干燥处理中的必备设备。其外形如图 8-13 所示。

图 8-13　煤油气相干燥设备外形

解释与学习

一、煤油气相干燥设备的工作原理

煤油气相干燥设备在高电压设备制造厂中广泛应用，其主要作用是通过煤油蒸气对高压产品中使用的绝缘件进行干燥，提高高压电气设备的绝缘强度，保证高压电气设备安全运行。

煤油气相干燥设备工作原理是：确认各个阀门状态正常后由主真空管道给真空罐进行抽真空，当真空度达到 700 Pa 后由煤油输送泵向真空罐的蒸发器上输送煤油，煤油在蒸发器上受热变成煤油蒸气，煤油蒸气遇到冷却的器身对器身进行加热，释放热量的煤油蒸气恢复液态返回缓冲罐，形成一个干燥循环。随着真空罐中温度逐步升高，煤油的饱和压力也不断升高，水分的排出使罐中聚集一定的水蒸气，这些水蒸气使罐内压力不断升高，为了不使罐内压力过高，同时及时排出水分，这些气体进入冷凝系统，回到冷凝液收集罐中，依靠煤油与水的比重不同进行分离，最后将水放掉。当加热使产品升到一定的温度且大部分水分已经排出后，先将绝缘件中的煤油重新蒸发出来，然后启动主真空系统，对罐抽真空，达到规定参数后完成整个干燥过程。

二、煤油气相干燥设备的结构组成

1. 真空罐系统

从技术安全的角度考虑，真空罐的泄漏率必须限制在一定的量值以下，且能使冷凝的煤油都能流出，一般要求煤油气相干燥罐的泄漏率≤2 000 Pa·L/s。

2. 真空系统

真空系统由前级真空泵、一二级增压泵和真空冷凝器组成。前级真空泵要求有较强的抽除水蒸气能力和一定的耐煤油能力。

3. 蒸发蒸馏系统

蒸发蒸馏系统包括蒸发器、煤油缓冲罐、粗精过滤器和煤油输送泵及相关管路等。

蒸发器是煤油气相干燥设备的心脏部分，是高温煤油蒸气的发生器。在蒸发煤油的同时，可进行蒸馏，通过控制温度和压力实现对煤油和变压器混合油的分离。煤油缓冲罐是热煤油的过渡罐，真空罐中冷凝的热煤油通过粗过滤器流入缓冲罐，再经煤油输送泵和精过滤器输送到蒸发器，形成一个闭环运行。

4. 冷凝系统

由主冷凝器、热回收器、冷凝收集罐、废水罐、视察窗、液位计、管道和阀门等组成。

冷凝系统的任务是，一方面将从真空罐输送过来的可冷凝的蒸气（水蒸气和煤油蒸气）冷凝并通过沉降分离出来；另一方面将永久性气体（空气）泵出。

5. 煤油储存系统

由煤油储罐、废油罐、混合油罐、输油泵及相关管路等组成。

6. 加热系统

加热系统为设备输送所需的能量，通过适当的措施保证煤油蒸气温度控制到工艺要求的规定值。可以选择使用蒸气或载热介质油作为加热介质。

蒸气加热系统由蒸气源、气动薄膜调节阀、疏水阀、逆止阀、过滤器、压力表、安全阀、温度传感器、波纹管截止阀及相关管道组成；以导热油为载热介质的加热系统由电加热器、管道泵、油膨胀箱、油过滤器、双金属温度计、相关管道及高温阀组成。

7. 冷却系统

由冷却塔、冷水机组、电接点压力表、温度表及相关管道阀门组成。对需要冷却的泵、冷凝器提供适宜的冷却水。

8. 气动系统

由空压机、储气罐、气动三联件、气动控制柜、气缸、二位五通电磁阀、减压阀及相关管道阀门组成，为各需要动作的气动阀门提供动力。

9. 液压系统

由液压站、各类大小油缸及相关管道和液压阀组成，用于真空罐罐门液压锁紧。

10. 控制系统

由工业控制计算机、PLC、电控柜、罐门操作箱及各种传感器（压力、温度、真空、液位传感器等）等组成，并配有防爆安全栅、电动机保护开关、断路器及接触器等，保证整个系统按设定工艺自动运行。

11. 通风系统

由防爆通风机、通风管道等组成，抽除可能泄漏的煤油气体，保持封闭空间的通风换气。

三、煤油气相干燥设备的工艺过程

煤油气相干燥设备控制系统的核心部分为一台高性能的工业控制计算机。该控制系统的体积小，功能完善，自动化程度高。计算机操作系统是被广泛使用的 Windows XP 系统，控制软件的设计也充分考虑了操作的方便性，操作人员在了解了气相干燥的工作原理和工作过程后都可以很快地掌握控制系统的操作方法。在正常情况下，煤油气相干燥设备控制系统可以自动完成绝大部分的工艺过程而不需操作人员的介入。控制系统也集成了水分压测量装置，实现了全部仪表的计算机集成。控制系统有全面的报警功能，当系统检测到的不正常现象时，就会给出报警信息。报警信息包括蜂鸣器的声响和屏幕上对应区域的闪烁提示，操作人员很容易发觉和定位故障的发生地点。

一个完整的煤油气相干燥工艺过程可以分为四个阶段，分别是准备阶段、加热阶段、降压阶段和高真空阶段。

1. 准备阶段

启动前级泵，前级罗茨泵（罗茨泵是一种旋转式变容真空泵）和主罗茨泵在室温下对真空罐逐级抽真空，使真空罐的压力由 $1 \times 10^5\,Pa$ 逐步降至 $700\,Pa$；收集罐的压力维持在 $4\,500\,Pa$。

2. 加热阶段

加热系统启动，蒸发器和罐体开始加热。煤油蒸发蒸馏系统启动，蒸发器产生的煤油蒸气对变压器产品加热。在加热过程中随着温度的不断上升，真空罐内的水蒸气含量不断增加，罐内压力也不断升高。泄漏泵通过冷凝收集罐对真空罐抽真空，以维持收集罐和真空罐的压差；同时进行必要的中间降压，加速产品出水速率。中间降压的次数根据产品规格及工艺过程参数变化来确定。加热阶段结束，产品温度应达到 $125 \sim 130\,℃$。

3. 降压阶段

绝缘的加热干燥结束后，蒸发器系统全部停止工作，真空罐内含有大量的煤油蒸气和定量的水蒸气，利用泄漏泵通过冷却系统（主冷凝器、冷凝收集罐和中间真空冷凝器）对真空罐抽真空，实施排液。

4. 高真空阶段

高真空阶段又称精抽真空阶段，此阶段是对真空罐进行高真空处理，进一步加速绝缘件的干燥。高真空阶段结束后，可以将真空罐充气阀打开，大罐解除真空。

应用与拓展

煤油气相干燥设备主要用于 $110\,kV$ 及以上超高压、大容量变压器、互感器等器身的干燥处理。随着我国电力建设的迅猛发展，超高压、大容量、高质量变压器需求量越来越大，煤油气相干燥设备作为干燥超高压、大容量变压器等产品的关键设备，具有越来越重要的地位。

单 元 小 结

本单元重点学习了电力变压器自动监视测量及保护系统和煤油气相干燥设备的结构组成、工作原理及应用。

（1）电力变压器自动监视测量及保护系统主要由测温装置、降温冷却装置、变压器瓦斯保护装置、油位测试装置、压力保护装置等组成，可自动地对变压器运行过程中的温度、压力、油位进行监测与保护。

（2）煤油气相干燥设备能自动地对变压器器身和线圈进行干燥，能提高电力变压器的绝缘强度，保证电力变压器安全运行。煤油气相干燥设备主要用于110 kV 及以上超高压、大容量变压器、互感器等器身的干燥处理。

（3）自动控制在电力系统中得到了广泛的应用，如发电控制的自动化、电力调度的自动化、变电站的自动化和发电厂分散测控系统等都是自动控制在电力系统中应用的具体应用。

习　　题

1. 试述绕组温度计的工作原理。
2. 风冷控制箱的作用是什么？
3. 气体继电器的作用是什么？
4. 煤油气相干燥设备在变压器的控制中起什么作用？应用在哪些场合？
5. 试述煤油气相干燥设备的工艺过程。

单元九
自动化立体仓库

　　自动化立体仓库采用先进的自动化物料搬运设备，不仅能使货物在仓库内按需要自动存取，而且可以与仓库以外的生产环节进行有机的连接，并通过计算机管理系统和自动化物料搬运设备使仓库成为企业生产物流中的一个重要环节。通过本单元的学习，将能够：

　　（1）熟悉自动化立体仓库的基本组成部分。

　　（2）熟悉自动化立体仓库工作流程、各部分工作原理。

　　（3）熟知自动化立体仓库在实际生产和生活中的应用。

自动化立体仓库又称自动存取系统，它是一种用高层立体货架（托盘系统）存储物资，用自动控制堆垛机进行存取作业，用计算机控制管理的仓库。自动化立体仓库除了具有传统仓库的基本功能外，还具有分拣、理货的功能，以及在不直接进行人工处理的情况下，自动存储和取出物料的功能。图9-1所示为某一自动化立体仓库。

图9-1　自动化立体仓库

解释与学习

一、自动化立体仓库的基本组成部分

1. 高层货架

高层货架是用于存储货物的钢结构，目前主要有焊接式货架和组合式货架两种基本形式。图9-2所示为高层货架。

图9-2　高层货架

2. 巷道堆垛机

巷道堆垛机是用于自动存取货物的设备。按结构形式分为单立柱和双立柱两种基本形式；

按服务方式分为直道、弯道和转移车三种基本形式。图9-3所示为巷道堆垛机。

3. 输送机系统

输送机系统是自动化立体仓库的主要外围设备，负责将货物运送到堆垛机或从堆垛机将货物移走。输送机种类非常多，常见的有轨道输送机、链条输送机、升降台、分配车、提升机、皮带机、AGV系统等。图9-4所示为AGV系统。

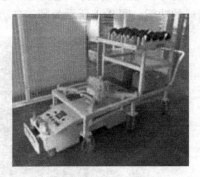

图9-3 巷道堆垛机   图9-4 AGV系统

AGV是无人搬运车（Automated Guided Vehicle）的英文缩写，是在计算机和无线局域网络的控制下，经电磁、激光等自动导引装置引导，并沿程序设定路径运行完成作业的无人驾驶的自动小车。AGV具有安全保护以及各种移载功能，采用电池驱动（交、直流），是自动化物流系统中的关键设备之一，为现代制造业物流和自动化立体仓库提供了一种高度柔性化和自动化的运输方式。

4. 自动控制系统

自动控制系统即驱动自动化立体仓库系统各种设备的自动控制系统。目前以采用现场总线方式的控制模式为主。

5. 仓储管理系统

仓储管理系统又称中央计算机管理系统，是自动化立体库系统的核心。它主要由入库操作、出库操作、查询操作、系统管理、系统帮助等模块构成。目前典型的自动化立体仓库系统均采用大型的数据库系统（如ORACLE，SYBASE等）构筑典型的客户机/服务器体系，可以与其他系统（如ERP系统等）联网或集成。

6. 自动化立体仓库的网络结构

自动化立体仓库中的网络一般分为两部分：一部分是有关管理机、各终端机、控制计算机以及与企业中其他计算机之间的联网，这部分网络目前都使用局域网方式进行联网，采用TCP/IP协议，该技术已很成熟；另一部分是计算机与底层PLC之间的通信。各PLC所采用的通信协议基本上都是生产厂家独自专有的，并没有广泛使用的标准协议供使用用户采用。在现场PC-PLC之间通信线路的设计中，对于PC-PLC之间距离较短的系统，常直接采用简单易用的RS-232协议进行点到点的连接；而对于PC-PLC之间距离较长的系统，一般均采用RS-485协议进行总线多站形式的连接。

二、自动化立体仓库的功能

下面以一个基于PLC控制的小型自动化立体仓库为例来说明自动化立体仓库的功能，图9-5所示为该立体仓库的模型图。

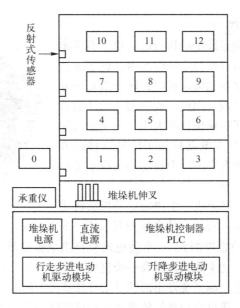

图 9-5 立体仓库模型图

该立体仓库具备以下功能：

（1）开机时首先要回零位操作，这样的目的就是给堆垛机有个工作参考点。

（2）堆垛机（机械手）要有三个自由度，即前进、后退；上、下；左、右。

（3）堆垛机的运动由步进电动机驱动，伸缩由直流电动机控制（Z 方向）。

（4）堆垛机前进（或后退）运动和上（或下）运动可同时进行。

（5）堆垛机前进、后退和上、下运动时必须有超限位保护。

（6）每个仓位必须有检测装置（微动开关），当操作有误时发出错误报警信号。

（7）当按完仓位号后，没按入或取前，可以按取消键取消该操作。

（8）整个电气控制系统必须设置急停按钮，以防发生意外。

三、自动化立体仓库的工作原理

图 9-6 所示为基于 PLC 控制的小型立体仓库的控制面板。

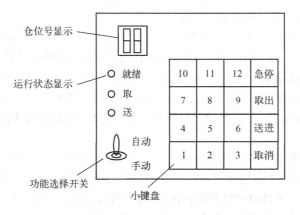

图 9-6　基于 PLC 控制的小型立体仓库的控制面板

1. 步进电动机驱动系统

步进电动机是数字控制系统中的执行电动机,当系统将一个电脉冲信号加到步进电动机定子绕组时,转子就转一步,当电脉冲按某一相序加到电动机时,转子沿某一方向转动的步数等于电脉冲个数。因此,改变输入脉冲的数目就能控制步进电动机转子机械位移的大小;改变输入脉冲的通电相序,就能控制步进电动机转子机械位移的方向,实现位置的控制,实现宽广范围内速度的无级平滑控制。图9-7所示为步进电动机外形。

图9-7 步进电动机外形

为了驱动步进电动机,必须由一个决定电动机旋转速度和旋转角度的脉冲发生器(在该立体仓库控制系统中采用PLC作脉冲发生器进行位置控制)、一个使电动机绕组电流按规定次序通断的脉冲分配器、一个保证电动机正常运行的功率放大器以及一个直流功率电源等组成一个驱动系统。

步进电动机驱动器是把控制系统发出的脉冲信号转换为步进电动机的角位移,或者说,控制系统每发一个脉冲信号,通过驱动器就使步进电动机旋转一步距角。所以步进电动机的转速与脉冲信号的频率成正比。

2. 堆垛机三维位置定位控制

本系统中堆垛机由水平、垂直及伸叉机构三部分组成。水平、垂直部分运动分别由 X 轴、Y 轴步进电动机驱动丝杠完成,伸叉机构由上层的铲叉和底层的丝杠传动机构组成,铲叉可前后伸缩,其运动由 Z 轴直流电动机正反转控制。在此系统中,当堆垛机平台运行到目标库位后,铲叉需伸入库内取、放物,然后向后缩回,因此,整个运行过程需要对堆垛机进行三维位置控制。本系统中先用两路脉冲控制 X 轴、Y 轴步进电动机,完成堆垛机的二维定位任务,然后,再控制直流电动机驱动铲叉入、出库等后续动作。

堆垛机的二维位置定位采用了控制脉冲个数的定位方式,该方式是以水平、垂直方向步进电动机每转输出的脉冲数为基础,对立体仓库每个货格都予以确定相应的脉冲个数。当堆垛机运行时,PLC根据目的地址和原点基准地址之间的脉冲值来控制电动机的位移。

3. 取货和存货工作流程

接通电源,通电状态下,各机构复位,X 轴、Y 轴、Z 轴回复零位,堆垛机停在初始位置(入库口),按下启动按钮,系统开始工作。

取货:按下取货按钮,执行取货指令,然后选择库位号,如所选库位有物品,可执行"取"操作,然后 X 轴、Y 轴通过步进电动机运行到该库位,Z 轴电动机正转将伸杆伸入库内,Y 轴电动机上升将物体抬起,Z 轴电动机反转将物体带出,X 轴、Y 轴电动机运行到装/卸货台,Z 轴电动机正转将物体送入卸货台,Y 轴电动机下降,使物体放在卸货台上,Z 轴电动机反转出库,X 轴、Y 轴电动机复位,堆垛机运行至入库口;如果所选库位内无物品,此时不执行取货操作。

存货:按下存货按钮,执行存货指令,然后选择库位号,如所选库位无物品,可执行"存"操作,然后 X 轴、Y 轴电动机运行至装/卸货台,Z 轴电动机正转伸入装货台内,Y 轴电动机上升将物体抬起,Z 轴电动机反转伸出装/卸货台并将物体带出,X 轴、Y 轴电动机运行至所选库位号,Z 轴电动机正转送入物体,Y 轴电动机下降,将物体放入库内,Z 轴电动机反转出库。X 轴、Y 轴电动机复位，堆垛机运行至入库口；如所选库位内有物品，此时不执行存货指令。

四、自动化立体仓库的优缺点

1. 自动化立体仓库的主要优点

（1）由于能充分利用仓库的垂直空间，其单位面积存储量远远大于普通的单层仓库（一般是单层仓库的 4 ～ 7 倍）。目前，世界上最高的立体仓库可达 40 m，容量多达 30 万个货位。

（2）仓库作业全部实现机械化和自动化，一方面能大大节省人力，减少劳动力费用的支出，另一方面能大大提高作业效率。

（3）采用计算机进行仓储管理，可以方便地做到"先进先出"，并可防止货物自然老化、变质、生锈，也能避免货物的丢失。

（4）货位集中，便于控制与管理，特别是使用电子计算机，不但能够实现作业的自动控制，而且能够进行信息处理。

（5）能更好地适应黑暗、低温、有毒等特殊环境的要求。例如，胶片厂把胶片卷轴存放在自动化立体仓库里，在完全黑暗的条件下，通过计算机控制可以实现胶片卷轴的自动出入库。

（6）采用托盘或货箱存储货物，货物的破损率显著降低。

2. 自动化立体仓库的主要缺点

（1）由于自动化立体仓库的结构比较复杂，配套设备也比较多，所以需要的基础建设和设备的投资相对较大。

（2）货架安装精度要求高，施工比较困难，而且工期相应较长。

（3）存储弹性小，难以应付高峰时段的需求。

（4）对可存储的货物品种有一定限制，需要单独设立存储系统用于存放长、大、笨重的货物以及要求特殊保管条件的货物。

（5）自动化立体仓库的高架吊车、自动控制系统等都是技术含量极高的设备，维护要求高，因此必须依赖供应商，以便在系统出现故障时能得到及时的技术援助。这就增强了对供应商的依赖性。

（6）对建库前的工艺设计要求高，在投产使用时要严格按照工艺作业。

应用与拓展

自动化立体仓库的应用范围很广，遍布大部分行业。在我国，自动化立体仓库应用的行业主要有机械、冶金、化工、航空航天、电子、医药、食品加工、烟草、印刷、配送中心、机场、港口等。图 9-8 所示为变压器铁心生产车间用于硅钢卷料存放的自动化立体仓库。

自动化立体仓库在变压器铁心车间中的应用，节省了车间占地面积，提高了生产率，加强了生产设备与物料搬运机械的有机结合，提高了自动化程度，改善了人机系统和作业环境。

图 9-8　用于硅钢卷料存放的自动化立体仓库

单 元 小 结

本单元重点学习了自动化立体仓库的结构组成、工作原理和实际应用。

（1）自动化立体仓库是现代物流系统的重要组成部分，是一种多层存放货物的高架仓库系统，由自动控制与管理系统、高位货架、巷道堆垛机、自动入库、自动出库、计算机管理控制系统以及其他辅助设备组成。通过出入输送系统将货物送至仓库货架前，由巷道堆垛机实现自动出库和入库，整个过程通过计算机网络化管理和自动控制系统实现。

（2）自动化立体仓库主要应用于机械、冶金、化工、航空航天、电子、医药、食品加工、烟草、印刷、配送中心、机场、港口等行业。

习 题

1. 自动化立体仓库主要由哪几部分组成？
2. 货物的搬运是如何实现的？
3. 堆垛机是如何运转的？
4. 查找相关资料，简要描述海尔自动化立体仓库的工作流程。

附录
自动控制实例框图

通过前面的学习，对一些典型的自动控制单元的构成、工作原理、工作过程及应用有了比较全面的认识。在实际生产和生活中，通常是多个自动控制单元相互配合构成了一个完整的自动控制系统，如锅炉自动控制系统就由液位控制单元、温度控制单元、压力控制单元等多个自动控制单元组成。为了便于读者理解一些典型的自动控制系统的构成及工作过程，特将自动控制实例框图作为附录放在本书最后。通过附录的学习，将能够：

(1) 了解典型开环自动控制系统的组成、简单工作过程。

(2) 了解典型闭环自动控制系统的组成、简单工作过程。

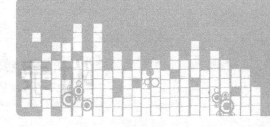

附 录 **A**

开环自动控制系统框图

开环控制是指控制装置与被控对象之间只有顺向作用而没有反向联系的控制过程，按这种方式组成的系统称为开环控制系统。

开环控制系统框图（见图 A-1）：

图 A-1

1. 水泵抽水控制系统框图（见图 A-2）

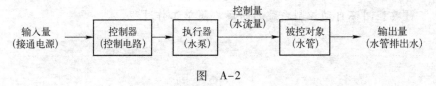

图 A-2

2. 家用窗帘自动控制系统框图（见图 A-3）

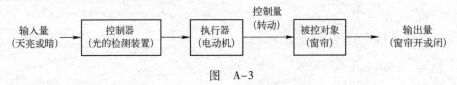

图 A-3

3. 宾馆自动门控制系统框图（见图 A-4）

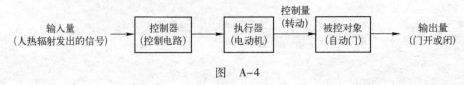

图 A-4

4. 楼道自动声控灯装置框图（见图 A-5）

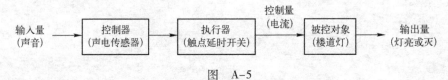

图 A-5

5. 游泳池定时注水控制系统框图（见图 A-6）

图　A-6

6. 十字路口的红绿灯定时控制系统框图（见图 A-7）

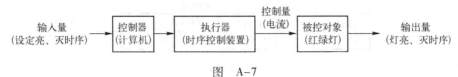

图　A-7

7. 公园音乐喷泉自动控制系统框图（见图 A-8）

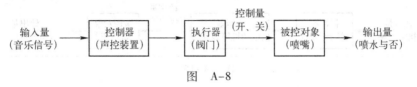

图　A-8

8. 自动升旗控制系统框图（见图 A-9）

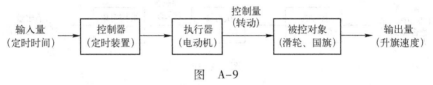

图　A-9

9. 宾馆火灾自动报警系统框图（见图 A-10）

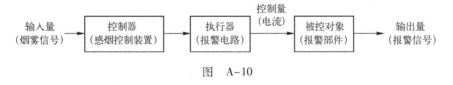

图　A-10

10. 宾馆自动叫醒服务系统框图（见图 A-11）

图　A-11

11. 公共汽车车门开关控制系统框图（见图 A-12）

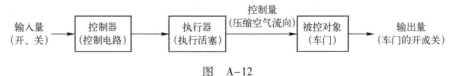

图　A-12

12. 家用缝纫机缝纫速度控制系统框图（见图 A-13）

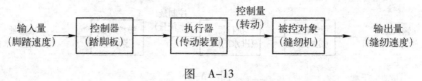

图 A-13

13. 根据车流量大小自动改变红绿灯时间控制系统框图（见图 A-14）

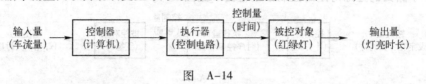

图 A-14

14. 普通全自动洗衣机控制系统框图（见图 A-15）

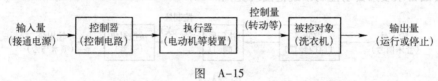

图 A-15

15. 宾馆自动门加装压力传感器防意外事故自动控制系统框图（见图 A-16）

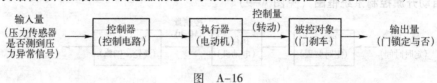

图 A-16

闭环控制是指控制装置与被控对象之间既有顺向作用，又有反向作用的控制过程，按这种方式组成的系统称为闭环控制系统。

闭环控制系统框图（见图 B-1）：

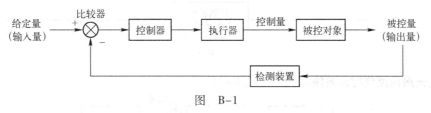

图 B-1

1. 家用压力锅工作原理框图（见图 B-2）

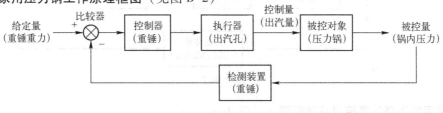

图 B-2

2. 供水水箱的水位自动控制系统框图（见图 B-3）

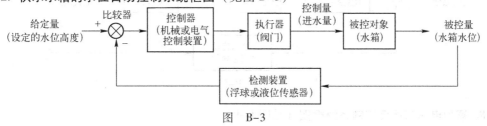

图 B-3

3. 加热炉的温度自动控制系统框图（见图 B-4）

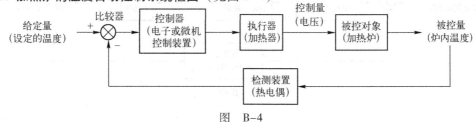

图 B-4

4. 抽水马桶的自动控制系统框图（见图 B–5）

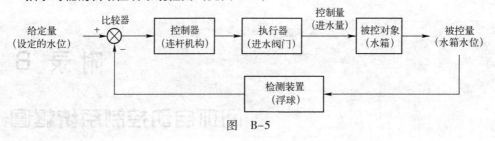

图 B–5

5. 花房温度控制系统框图（见图 B–6）

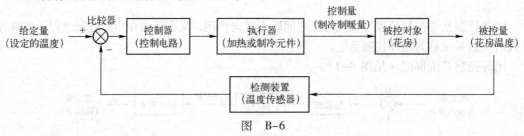

图 B–6

6. 夏天房间温度控制系统框图（见图 B–7）

104

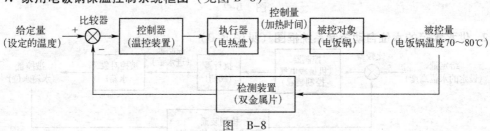

图 B–7

7. 家用电饭锅保温控制系统框图（见图 B–8）

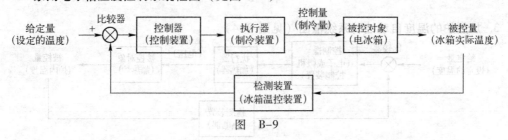

图 B–8

8. 家用电冰箱温度控制系统框图（见图 B–9）

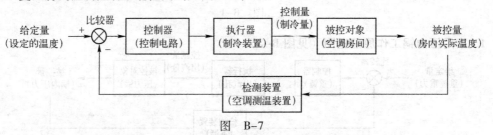

图 B–9

9. 宾馆使用多台热水器串联电辅助加热自动控制系统框图（见图 B-10）

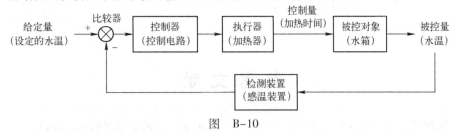

图　B-10

10. 粮库温、湿度自动控制系统框图（见图 B-11）

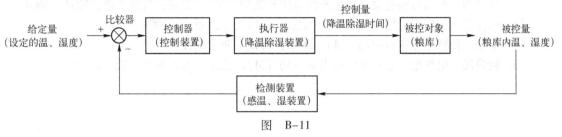

图　B-11

11. 自动保温电热水壶控制系统框图（见图 B-12）

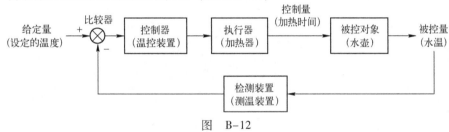

图　B-12

参 考 文 献

[1] 何用辉. 自动化生产线安装与调试 [M]. 北京: 机械工业出版社, 2011.

[2] 吕景泉. 自动化生产线安装与调试 [M]. 北京: 中国铁道出版社, 2009.

[3] 鲍风雨. 典型自动化设备及生产线应用与维护 [M]. 北京: 机械工业出版社, 2004.

[4] 苗玲玉. 传感器应用基础 [M]. 北京: 机械工业出版社, 2008.

[5] 于彤. 传感器原理及应用 [M]. 北京: 机械工业出版社, 2007.

[6] 侯爱民. 电热电动器具维修技术基本功 [M]. 北京: 人民邮电出版社, 2009.